选矿技术培训教材

碎矿与磨矿技术问答

肖庆飞　　罗春梅　主编

北　京
冶金工业出版社
2020

内 容 提 要

本书以问答形式系统介绍了碎矿与磨矿的基本知识,包括一般概念、岩矿力学性质、碎矿理论及工艺、破碎机械、筛分理论及工艺、筛分机械、磨矿理论、磨矿工艺、磨矿机械、分级工艺、分级机械、磨矿流程的取样及检查等方面的内容。同时结合当前碎矿与磨矿技术的发展,对出现的一些新工艺、新技术概念和知识作了一定介绍。

全书内容系统,简明实用,可供从事选矿生产的工人及技术人员使用,也可供高等院校相关专业的师生参阅。

图书在版编目(CIP)数据

碎矿与磨矿技术问答/肖庆飞,罗春梅主编 . —北京:
冶金工业出版社,2010.8(2020.8 重印)
选矿技术培训教材
ISBN 978-7-5024-5340-4

Ⅰ. ① 碎… Ⅱ. ① 肖… ② 罗… Ⅲ. ① 原矿—
破碎—技术培训—问答 ② 磨矿—技术培训—问答
Ⅳ. ① TD921-44

中国版本图书馆 CIP 数据核字(2010)第 130711 号

出 版 人 陈玉千
地　　址 北京市东城区嵩祝院北巷 39 号 邮编 100009 电话 (010)64027926
网　　址 www. cnmip. com. cn 电子信箱 yjcbs@ cnmip. com. cn
责任编辑 李培禄 李 雪 美术编辑 彭子赫 版式设计 孙跃红
责任校对 侯 珺 责任印制 禹 蕊
ISBN 978-7-5024-5340-4
冶金工业出版社出版发行;各地新华书店经销;北京虎彩文化传播有限公司印刷
2010 年 8 月第 1 版,2020 年 8 月第 2 次印刷
787mm×1092mm 1/16;11.25 印张;268 千字;163 页
29.00 元
冶金工业出版社 投稿电话 (010)64027932 投稿信箱 tougao@ cnmip. com. cn
冶金工业出版社营销中心 电话 (010)64044283 传真 (010)64027893
冶金工业出版社天猫旗舰店 yjgycbs. tmall. com
(本书如有印装质量问题,本社营销中心负责退换)

前　言

　　矿产资源的开发利用是关系到国计民生的重大问题。矿产资源的开发利用要消耗巨大的能量,据统计,仅碎矿与磨矿的电耗大约占我国全年发电量的5%。矿业的快速发展,对碎矿和磨矿的节能降耗提出了更高的要求,鉴于此,许多企业的一线工人及工程技术人员迫切需要一些通俗易懂的碎磨生产技术读本,以提高自身知识水平和实际生产操作能力。

　　本书编者受冶金工业出版社的委托,编写了《碎矿与磨矿技术问答》一书,以问答形式系统地介绍了碎矿与磨矿的一般概念、岩矿力学性质、碎矿理论及工艺、破碎机械、筛分理论与工艺、筛分机械、磨矿理论、磨矿工艺、磨矿机械、分级工艺、分级机械、磨矿流程的取样及检查等方面的内容。同时结合当前碎矿与磨矿技术的发展,对出现的一些新工艺、新技术概念和知识作了一定介绍。全书内容系统,简明实用,可供从事选矿生产的工人及技术人员使用,也可供高等院校相关专业的师生参阅。

　　本书第1章、第6章～第15章由昆明理工大学肖庆飞博士编写;第2章～第5章由云南大学罗春梅博士编写。全书最后由昆明理工大学段希祥教授(博导)审定统稿。书稿部分章节的编排及校对由昆明理工大学研究生王晶完成。

　　本书在编写过程中,曾参阅了很多文献资料,对这些著作的编著者表示深深的感谢。

　　在此向对本书的编写工作给予支持和帮助的单位及个人致以衷心的感谢!

　　由于编者水平有限,书中不妥之处,恳请读者批评指正。

编者

2010 年 4 月

目　　录

5　破碎机械……………………………………………………………………………… 22

1 碎矿与磨矿概述

1-1 碎矿与磨矿的目的与任务是什么?

选矿厂碎矿与磨矿的主要目的和任务是将矿物原料粉碎,使大部分有用矿物得以从脉石中解离出来,并在许多情况下使两种矿物分离开来;另外一个任务就是将单体的有用矿物依其粒度的必要缩小程度,将粒度减小,使它们在下一个选矿过程中得以有不同的性态表现。即使矿石中的有用矿物充分单体解离及粒度适合选别要求,并且过粉碎尽量轻,产品粒度均匀达到选别作业要求的粒度,以便为选别作业有效地回收矿石中的有用成分创造条件。

1-2 按磨矿的目的划分有哪几类磨矿,各应用在哪些部门?

(1)擦洗性磨矿。建筑砂料的磨矿,水泥制件砂料的磨矿,冶金球团工艺中的润湿磨矿等均属擦洗性磨矿。(2)解离性磨矿。属于此类磨矿的有金属矿和非金属矿选矿前的磨矿,湿法冶金浸出前的磨矿等。(3)粉碎性磨矿。水泥熟料磨得愈细,水泥的水化速度愈快,质量也愈高。火电厂磨煤机中也要求磨得愈细愈好,愈细的粉煤被喷入燃烧室后燃烧愈完全。农药和某些化工原料的磨细也属此类磨矿。(4)超细粉碎。非金属矿物通常将它们粉碎成微米级或微米以下的粉体而用作填料、涂料、颜料、润滑剂、增量剂和陶瓷原料等等。

1-3 碎矿与磨矿的地位与重要性如何?

选矿厂中的碎矿和磨矿的投资占全厂总投资的60%左右,磁选厂甚至达75%以上,电耗也占选矿的50%~60%,生产经营费用也占选厂的40%以上。同时,磨矿作业产品质量的高低也直接影响着选矿指标的高低。全国每年有数十亿吨矿料需要破碎,全国每年的发电量约有5%以上消耗于磨矿,约有上百万吨钢材消耗于磨矿。因此,碎磨作业的增效降耗具有十分重要的意义。

1-4 磨矿与选别作业有什么关系?

磨矿作业与选别作业的关系很大,选别指标(精矿质量与金属回收率)的好坏,在很大程度上取决于磨矿产品的质量。如果磨矿产品细度不够,各矿物粒子彼此间没有达到充分的单体解离,则选别指标就不会太高。如果过磨碎而产生的矿泥,无论哪种选矿方法均不能有效回收。此外,磨矿产品还要符合选别作业所要求的浓度。各种选别作业都有适宜的浓度范围,过高或过低都不适合。

磨矿作业与选矿的经济指标也有很大关系。磨矿是选矿厂动力消耗最多的一个作业,仅碎矿与磨矿就占选厂电能消耗的50%~60%左右。同时磨矿作业也是消耗金属很大的作业。据统计,磨碎1 t矿石时,磨矿介质(如钢球或钢棒)和衬板的总耗损量达0.4~

3.0 kg。因此在整个选矿成本中,磨矿费用占很大的比例。

可见,改善磨矿作业,提高其产品质量,降低磨矿费用,提高磨矿机的生产率,不仅能提高精矿质量和金属回收率,而且对于降低总成本以及提高选矿厂的生产率都具有很重要的意义。

1-5　碎矿与磨矿车间的工作制度各有哪些?

碎矿车间的工作有其特殊性,在工作制度确定时要充分考虑到这些特殊性。

碎矿车间直接接受采矿场来的原矿,采矿与碎矿之间最多只设置一个缓冲矿仓,因此碎矿机的工作时间就要与采矿场的供矿制度相配合,采场不是 24 h 连续供矿,碎矿也就不必 24 h 连续工作。破碎机破碎坚硬的巨大矿块,机器受力沉重,磨损严重,每班工作中均应留足机器检修时间。因此,如果采场两班出矿,碎矿车间就两班工作;若三班均出矿,碎矿车间就三班工作。通常,大型选矿厂均是三班工作制,中小型选矿厂两班或三班工作制。两班制的每班工作 6～7 h,三班制的每班工作 5～6 h,其余时间用在开车、停修及设备小修上。

碎矿车间中,各段碎矿机、筛子和附属设备等常常是配置在几个台阶上,较为分散,每个碎矿段中给矿机、运输机、碎矿机、筛子及除尘器等设备互相衔接成一条生产线,各个破碎台阶连成生产线。这种设备配置特点就要求有与之相适应的操作管理制度。这种生产线上,其中任何一台设备发生故障都会使全线停产,启动和停车时的任何一个错误操作都会造成事故,因此要注意调度控制、操纵和讯号。矿石运入及送出都要计量。碎矿车间的操纵和控制有以下特点:(1) 各台机器必须按工艺过程设计的程序,以一定的时间间隔相继启动,启动次序与矿料运行方向相反,即逆向启动。(2) 各台机器既能单独启动,又可以成组启动;既可以在调度室集中操作,又可在工作地点操纵。(3) 停止整个生产线时,采用正向停车,即和逆向启动相反,也就是和矿料运行方向相同。(4) 当生产线上的某一台设备被迫停车时,为避免堵塞,它以上的机器都必须停车,它后面的机器仍可以继续工作。(5) 应该规定出各种讯号,以便指挥分散在全车间内的工作人员。

磨矿车间和碎矿车间不同,磨矿机时开时停会使生产不稳定,选别指标波动,并增加矿物流失,因此,磨矿机是每天 24 h 连续工作,每月除计划的检修停车外,均可工作。

磨矿车间磨矿机通常配置在一个台阶上,比较集中,管理较为方便,碎矿车间操纵控制的要点在磨矿车间原则上适用。

由于碎矿车间与磨矿车间工作制度不相同,碎矿车间的小时生产率就应比磨矿车间的大,就是说,碎矿车间在 3×6 h＝18 h 的时间内要碎出磨机 24 h 磨矿的量。这样,在碎矿车间和磨矿车间之间就必须设置一个粉矿仓装碎矿的最终产品并供给磨矿机原矿。粉矿仓通常能装磨机一天的处理量,矿山供矿情况良好时粉矿仓也可以小一些。

碎矿机及磨矿机均是工作部件与坚硬矿石相接触,故磨损严重,必须计划准备配件和材料,有计划地经常进行检修。

碎矿及磨矿虽然分在两个车间,而且工作情况不尽相同,但碎矿和磨矿均属矿料的粉碎,而且碎矿为磨矿准备给矿,故二者关系密切,在考虑技术经济问题时,就不应该把它们分开来只顾一方,必须对两个车间综合考虑,才能使碎矿与磨矿总的效果最好。

2 岩矿力学性质

2-1 影响矿物破碎的力学性质有哪些？

矿物的力学性质是指矿物受到外力作用时所表现的各种性质。矿物的力学性质是多方面的,但影响矿物破碎的力学性质主要是硬度、韧性、解理和结构缺陷等几个方面。

（1）矿物的硬度。矿物的硬度是指矿物抵抗外界机械力侵入的性质。组成矿物晶体的基本质点——离子、原子和分子在空间作有几何规则的周期排列,每个周期构成一个晶胞,晶胞即是构成晶体的基本单位。基本质点之间的四种结合键:原子键（也叫共价键）、离子键、金属键及范德华键（也叫分子键）的键合情况决定着矿物晶体的硬度。不同结合键形成的矿物晶体有着不同的力学性质,因而也表现出不同的硬度。形式不同的结合键形成的矿物,呈现出各不相同的矿物硬度。

（2）矿物的韧性。当矿物受压轧、切割、锤击、弯曲或拉引等外力作用时,其所呈现的抵抗性能叫矿物的韧性。韧性包括:脆性、柔性、延展性、挠性和弹性,它是对矿物的破碎有重要影响的力学因素。

（3）矿物的解理。解理是指矿物在外力作用下沿一定方向破裂成光滑平面的性质。这一光滑平面称作解理面（若不沿一定方向破裂而形成凹凸不平的表面称断口）。解理现象是影响矿物抗破坏的重要力学因素。不同矿物可有不同的解理,同一矿物各个方向解理的程度也可以不同,解理是矿物的重要特征,很多矿物都具有这一特征。解理的存在能够降低矿物的强度,使得矿物容易粉碎。

（4）矿物的结构缺陷。自然界的矿物岩石,由于成矿地质条件或经历的不同,常常导致不同地方产出的同种矿物在力学性质上存在差异。岩矿结构中存在缺陷便是造就这种差异的重要原因之一。矿物结构中存在的这些缺陷,常常构成岩矿块中的脆弱面,所以破碎行为将首先发生在这些脆弱面上。

自然界中产出的矿石,除少数为单矿物矿石外,多数为多矿物成分的矿石。单矿物矿石的力学性质较简单。多种矿物组成的矿石,其力学性质是组成矿物力学性质的综合表现。矿石的力学性质十分复杂,除了上述提到的影响因素外,还与成矿地质作用、开采爆破及运输、矿石破碎的阶段等因素有关。

2-2 岩石力学性质有哪些特征？

岩矿在力学性质上有多种特征,主要表现在以下几个方面。

（1）性质上具有各向异性。由于矿物晶体力学本质上就是各向异性,由多种矿物聚合而成的矿石自然也具备这一性质。表2-1中列出一组各个方向测定的弹性模量值就足以说明这一点。如果岩矿由各个不同方向的结晶体构成,可不同程度地消除这种影响,当作各向同性处理。

表 2-1　岩盐结晶在纵向弹性模量(杨氏模量)上的各向异性(根据 Droyer)

方　　向	纵向弹性模量/MPa
[100]	$42200 \pm 42200 \times 0.4\%$
[010]	$45700 \pm 45700 \times 0.9\%$
[001]	$45700 \pm 45700 \times 0.9\%$
[110]	$34600 \pm 34600 \times 0.5\%$

(2)组成上具有非均匀性。无论是岩体或从岩体中采出的岩块,它们的不同部位常常会呈现组成和结构上的差异,进而导致性质上的差异,这是岩矿材料与金属材料所不同的。金属材料的性质具有相对均匀性,可以用材料常量来表征材料的性质,而岩矿材料则属非均质材料,不能用材料常量来表征岩矿性质。

(3)力学结构的多元性。一种矿物晶体内会存在两种以上的键合力,不同矿物晶体中存在的键合力是多种多样的。同种矿物晶格内部与晶面上的聚合力均不同,不同矿物晶体聚合体的内部和外部聚合力亦不相同,不同矿物聚合体结合面上的聚合力也不相同。岩矿的力学结构多元性既导致了力学性质的不均匀,也导致了复杂性。

(4)孔隙性和裂隙性。由于岩矿存在先天和后天的孔隙以及裂隙,所以它的应力-应变曲线是非线性的,弹性模量和泊松比也会因应力不同而发生变化。由于宏观及微观裂隙的存在,粗矿块裂隙多,力学强度低。随着矿块粒度减小,裂隙逐渐消失,故小矿块的力学强度高。

(5)性质测试结果无重复性。由于岩矿材料的性质具有不均匀性和复杂性,即使同一岩矿切下的试件,测试结果也无重复性。

2-3　测定矿物单轴抗压强度的意义是什么?

在碎矿磨矿过程中,单向压碎力是一种主要的破碎力,它的测定方法简单,故单向抗压强度是最常用的。许多研究表明,抗压强度与抗拉、抗剪切和抗冲击强度等都有一定的关系,可以相互换算。M. M. 普罗托吉雅可诺夫认为,岩石的坚固性在各方面的表现是趋于一致的,难破碎的岩石,用各种方法都难破碎,而易破碎的岩石,用各种方法都易破碎。于是,提出"坚固性系数"f(即普氏系数),用以表示岩石的相对坚固性。一种岩石较另一种岩石的坚固性系数大若干倍,就意味着用任何方法破碎前者都比破碎后者困难许多倍。而普氏硬度系数 f 约为单轴抗压强度 $\sigma_{\text{压}}$ 的百分之一:

$$f = \frac{\sigma_{\text{压}}}{100} \tag{2-1}$$

因此,求出岩矿的单轴抗压强度 $\sigma_{\text{压}}$ 也就从式(2-1)求出普氏系数,而普氏系数综合反映了岩矿的综合强度。按照 M. M. 普罗托吉雅可诺夫的说法,当知道一种岩矿的 $\sigma_{\text{压}}$、$\sigma_{\text{拉}}$、$\sigma_{\text{剪}}$、$\sigma_{\text{弯曲}}$ 及 $\sigma_{\text{冲击}}$ 时,只要再知道另一种岩矿的 $\sigma_{\text{压}}$ 就可以由已知岩矿的各种强度推算另一种岩矿的各种强度值。这样测量岩矿的单轴抗压强度就有很重要的意义。

2–4　怎样用标准力学试件测定矿物的抗压强度？

岩矿抗压强度的测定方法基本上采用工程力学的材料试验方法，对待测试样锯磨加工成符合规范的标准力学试件，由压力试验样机测定试件的破坏载荷，最后由破坏时施加的最大载荷 $P(N)$ 和试件横切受压面积 $S(cm^2)$ 计算岩矿的抗压强度 $\sigma_压(MPa)$ ：

$$\sigma_压 = \frac{0.01P}{S} \tag{2-2}$$

2–5　用标准力学试件测定矿物的抗压强度偏高的原因是什么？

采用材料力学性质测定的方法测出的抗压强度值偏高的原因有以下几个方面：

（1）取来的岩矿是挑选裂隙少及强度高的矿块，取样经锯磨后成为标准力学试件的岩样必是强度最好的，强度差的在锯磨中已被破坏。

（2）测定的结果是干燥后的测定结果，实际的岩矿中均有水分。

（3）标准岩矿力学试件是在消除应力集中情况下测得抗压强度的，而实际矿块均是形状极不规则的自然矿块，它们受破碎力作用时大多为点载荷破坏，有高度的应力集中。

上述三个因素同时存在时，对岩矿力学强度的影响必然具有同向叠加的效应，使标准力学试件测出的抗压强度比实际岩矿块的高得多。

2–6　标准矿块与自然矿块抗压强度的修正范围是多少？

不规则矿块（自然矿块）抗压强度比标准力学试件抗压强度差异大主要是由于粗矿块具有不同级别。对块度不等的不规则矿块的抗压强度实测表明：当两种试件的矿块粒度在 10 mm 以上时抗压强度差异才大，而且粒度愈粗差异愈大；而当矿块粒度在 10 mm 以下，不规则细矿块的抗压强度增大，矿粒愈细抗压强度增大愈多，大到和标准力学试件的测定结果具有相同水平。之所以出现这种现象，是由于粗矿块中的各种宏观和微观裂纹较多，矿石性质不均匀性强；矿块愈粗，力学性质不均匀性愈严重，裂隙也愈多；水分对强度的影响也愈大，因此，不规则矿块的抗压强度与标准力学试件抗压强度的差异大。当矿块粒度变细后，大量的裂纹消失，矿块力学性质趋于均匀，矿粒力学强度增大，此时，细的不规则矿块（10 mm 以下）的抗压强度已增大到标准力学试件测出的水平。鉴于这一现象及原因，不规则矿块的抗压强度值的修正也只在矿块粒度达 10 mm 以上才需要进行。

2–7　从热力学观点分析岩矿是怎样破碎的？

从热力学观点分析，岩矿块未受破碎力作用时，其晶体内部质点处于平衡位置上作前后左右的振动，且晶体外形也不发生变化。但是，当岩矿块受外界破碎力作用时，破碎力对岩矿块做功，并将功转变为岩矿晶体的内能，从而改变了原来平衡位置上质点的能态，使质点发生相对迁移，晶体产生变形。当破碎力所产生的变形能足够大时，将会导致岩矿晶体位移量大于质点相互作用的范围，致使岩矿晶体被破坏。宏观上看，就是破碎力大于矿块内聚力时矿块发生破碎。

2–8　矿物的变形分为几类，矿物变形转变的外界条件是什么？

矿物的变形分为脆性变形和塑性变形两大类。当矿物变形很小就发生破坏时称为脆性变形;而当变形后不发生破坏且也不再恢复原状称为塑性变形。脆性和塑性是矿物变形的两种基本状态,但当条件发生变化时,两种状态也会相互发生转变。在低温下进行十分快的变形时,所有物质皆显脆性。脆性变形和塑性变形的划分是相对的,并依外界条件而相互转化。这种转变的外界条件是温度、作用力大小和加载速度快慢等。矿物的工程破碎几乎都是在常温下进行,即使有点升温也不足以引起变形状态的改变。就是说,破碎力的大小和加载速度快慢是使岩矿块产生何种变形状态的重要因素,调节这两个因素即可调节岩矿块的变形状态。因此,岩矿块的变形状态是与破碎力密切相关的,岩矿块的破碎形式也与破碎力密切相关。

2-9 理想的破碎行为是什么?

岩矿的力学性质很复杂,岩矿中各种矿物的相界面上的结合力比矿物内部的小,故岩矿中各种矿物结合的相界面是力学脆弱面,岩矿受破碎力理应首先从此脆弱面上发生解离性破碎,这是最理想的情况,也是解离性磨矿所需求的理想条件。

3 碎矿基本知识

3-1 什么是破碎比,破碎比的表示及计算方法有几种,各有什么用途?

在破碎或磨碎中,原料粒度与产物粒度的比值称为破碎比。破碎比从数量上衡量及评价破碎和磨矿过程,它表示物料粒度在破碎和磨矿过程中减小的倍数。

破碎比的表示及计算方法有以下几种,各种方法各有一定用途:

(1)最大破碎比。用物料破碎前后的最大粒度来确定及表示,设破碎前后物料的最大粒度分别为 $D_{max}(mm)$ 及 $d_{max}(mm)$,则最大破碎比 i_{max} 为:

$$i_{max} = \frac{D_{max}}{d_{max}} \tag{3-1}$$

最大粒度并非物料中最大的尺寸,而是有其技术的规定:我国及苏联等国将矿料 95% 的过筛正方形孔尺寸定为最大粒度;欧美等国又将矿料 80% 的过筛正方形筛孔尺寸定为最大粒度。显然,同一批物料的最大粒度 D_{95} 比 D_{80} 值大,而同一个最大粒度值则是 D_{80} 表示的物料比 D_{95} 表示的物料粗。在矿料的筛上累积产率曲线上,由产率 5% 可查出 D_{95},由产率 20% 可查出 D_{80}。最大破碎比在选矿厂设计中常采用它,因为设计上要根据最大块直径来选择破碎机的给矿口及分配各破碎段的负荷。

如果原料及产品粒度均用 100% 过筛的粒度来表示,实际上是物料中的极限粒度,此时的破碎比亦可称为极限破碎比。

(2)公称破碎比。用碎矿机给矿口的有效宽度和排矿口的宽度来确定及表示,设碎矿机给矿口的公称宽度为 $B(mm)$,排矿口宽度为 $S(mm)$,则公称破碎比 $i_{公称}$ 为:

$$i_{公称} = \frac{0.85B}{S} \tag{3-2}$$

碎矿机的给矿口虽然宽度为 B,但在给矿口边缘上不能有效地钳住矿石进行破碎,能有效钳住矿块破碎的地方在破碎腔的上部,即大约在给矿口宽度 85% 的地方,因此,在设计上能给入碎矿机的最大矿块通常按给矿口宽度的 85% 计,故 $0.85B$ 称为碎矿机给矿口的有效宽度。排矿口取值时,粗碎机取最大宽度,中、细碎机取最小宽度。公称破碎比在生产中常用来估计碎矿机的负荷。生产中不可能经常对大批矿料作筛分分析,但只要知道碎矿机的给矿口及排矿口宽度就可以方便地计算出破碎比,及时地了解碎矿机组的负荷情况。

(3)平均破碎比或真实破碎比。用破碎前后物料的平均粒度来表示及确定。设物料破碎前后的平均粒度分别是 $D_{平均}(mm)$ 及 $d_{平均}(mm)$,则平均破碎比或真实破碎比 $i_{平均}$ 为:

$$i_{平均} = \frac{D_{平均}}{d_{平均}} \tag{3-3}$$

破碎前后的物料,都是由若干粒级组成碎散物料统计总体,只有平均直径才能代表它们的真实粒度,这种破碎比较能真实地反映物料破碎的程度,由于确定它比较麻烦,通常只在科研中应用。

3-2 矿石的破碎与磨矿一般分为几个阶段?

选矿厂中的矿料破碎是由串联的各个破碎段组成的,碎矿及磨矿上的"段"是根据所处理的矿料粒度划分的,从给矿和产品的粒度上划分,碎矿和磨矿的阶段大致如表 3-1 所示:

表 3-1   碎矿和磨矿阶段

阶 段		给矿最大块径 D_{max}/mm	产品最大块径 d_{max}/mm
碎 矿	粗 碎	1500 ~ 300	350 ~ 100
	中 碎	350 ~ 100	100 ~ 40
	细 碎	100 ~ 40	30 ~ 5
磨 矿	一段磨矿	30 ~ 5	1 ~ 0.3
	二段磨矿	1 ~ 0.3	0.1 ~ 0.075 或更细

上述各破碎段均有本段的破碎比,粒度减少一次就有一个破碎比。现代大型选矿厂或硬度很大的矿石有用四段碎矿的,前两段均算粗碎,第三段算中碎,第四段算细碎。少数选矿厂要求磨得很细的也有采用三段磨矿的,故上面的划分是近似的,只大致反映一般情况。

3-3 常见的破碎机械的施力方式有几种?

机械破碎法是靠破碎机械的施力来完成的,常见的破碎机械的施力方式大致有以下五种,如图 3-1 所示。

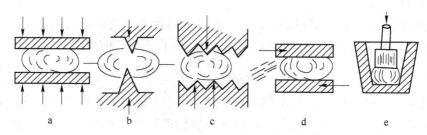

图 3-1   破碎机械对矿石的施力情形

a—压碎;b—劈碎;c—折断;d—磨剥;e—击碎

压碎(图 3-1a):利用两破碎工作面逼近时产生的挤压力,使物料破碎。颚式破碎机、辊式破碎机和圆锥破碎机都是以压碎方式为主的破碎机械。

劈碎(图 3-1b):利用尖齿揳入物料的劈开力来进行破碎的,力的作用集中,发生局部碎裂,适应于脆性物料的破碎。

折断(图 3-1c):物料在破碎工作面间如同承受集中载荷的两支点(或多支点)梁,使物料本身发生屈面破碎。

磨剥(图 3-1d):两个破碎工作面在物料上作相对运动,对物料施加剪切力,从而使物料发生破裂。此力适合于细粒物料的磨碎。

击碎(图3-1e):它是利用冲击力破碎矿石的。冲击力是瞬间作用于矿石的力。例如反击式破碎机的破碎力主要是冲击力。

以上几种破碎施力方式是破碎机械中常见的方式,但并不是每种破碎机中都包含这些方式,由于破碎机械的运动方式决定了每种破碎机中往往以一种破碎方式为主而辅以其他破碎方式,如颚式破碎机中以压碎力为主,同时兼有折断力作用,而球磨机中以冲击及磨剥作用为主,等等。但破碎机械都是用它的工作部件以动载荷反复作用于矿石,因而均具有一定的冲击效果。

3-4 在选矿中,碎矿的目的是什么?

碎矿的基本目的是使矿石、原料或燃料达到一定粒度的要求。在选矿中,碎矿的目的是:

(1) 供给棒磨、球磨和自磨等最合理的给矿粒度,或为自磨、砾磨提供合格的磨矿介质;

(2) 使粗粒嵌布矿物初步单体解离,以便用粗粒级的选别方法进行选矿,如重介质选、跳汰选、干式磁选和洗选等;

(3) 直接为选别或冶炼等提供最合适的入选、入炉和使用物料粒度的原料,如使高品位铁矿达到一定要求的粒度,以供直接进行冶炼等。

3-5 选矿厂常用的碎矿流程有哪些?

选矿厂常用的破碎流程有:两段破碎流程、三段碎矿流程及带洗矿作业的碎矿流程。

(1) 两段碎矿流程。两段破碎流程有两段开路和两段一闭路两种形式,如图3-2所示。

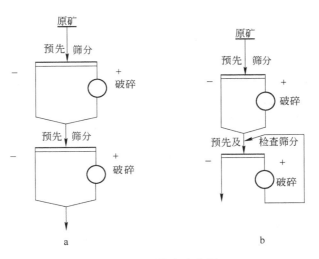

图 3-2 两段碎矿流程
a—两段开路流程;b—两段一闭路流程

小型选矿厂处理井下开采粒度不大的原矿,并且第二段采用破碎比较大的反击式破碎机时,可采用两段一闭路破碎流程。

（2）三段碎矿流程。三段碎矿流程的基本形式有：三段开路和三段一闭路两种，如图 3-3 所示。

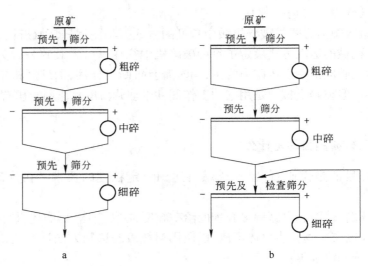

图 3-3　三段碎矿流程
a—三段开路流程；b—三段一闭路流程

三段一闭路碎矿流程，作为磨矿的准备作业，获得了较广泛的应用。一般来说，不论是井下开采还是露天开采的矿石，只要含泥较少，不堵破碎机和筛孔，都能有效地适应，采用三段闭路碎矿流程。大量工业实践证明，破碎产品粒度可以控制在 12~0 mm，能给磨矿作业提供较为理想的给料。因此，规模不同的选矿厂都可以采用。

三段开路碎矿流程与三段一闭路流程相比，所得破碎产物粒度较粗，但它可以简化破碎车间的设备配置，节省基建投资。因此，当磨矿的给矿粒度要求不严和磨矿段的粗磨采用棒磨时，以及处理含水分较高的泥质矿石和受地形限制等情况下，可以采用这种流程。

（3）带洗矿作业的碎矿流程。当原矿含泥（-3 mm）量超过 5%~10% 和含水量大于 5%~8% 时，细粒级就会黏结成团，恶化碎矿过程的生产条件，如造成破碎机的破碎腔和筛分机的筛孔堵塞，发生设备事故，储运设备出现堵和漏的现象，严重时使生产无法进行。

洗矿作业一般设在粗碎前后，视原矿粒度、含水量及洗矿设备的结构等因素而定。常用的洗矿设备有洗矿筛（格筛、振动筛、圆筒筛）、槽式洗矿机和圆筒洗矿机等。洗矿后的净矿，有的需要进行破碎，有的可以作为合格粒级。洗出的泥，若品位接近尾矿品位，则可废弃；若品位接近原矿品位，则需进行选别。

由于原矿性质的不同，洗矿的方式和细泥的处理等不同，因而流程多样。例如：原矿为硅卡岩型铜矿床，含泥 6%~11%，含水 8% 左右，其洗矿流程如图 3-4 所示，破碎流程为三段一闭路。为使破碎机能安全和正常的生产，第一次洗矿在格筛上进行，筛上产物进行粗碎，筛下产物进入振动筛再洗。第二次洗矿后的筛上产物进入中碎，筛下产物进螺旋分级机分级、脱泥，分级返砂与最终破碎产物合并，分级溢流经浓密机缓冲、脱水后，进行单独的细泥磨矿、浮选。

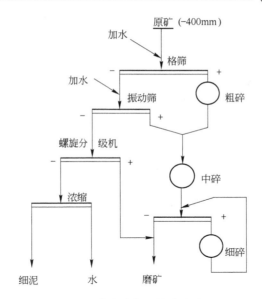

图 3-4 带洗矿作业的碎矿流程

3-6 选矿厂常用的破碎与磨矿机械有哪几类?

根据破碎力作用方式可以将破碎机械粗略地分为两大类:(1)破碎机;(2)磨矿机。破碎机一般处理较大块的物料,产品粒度较粗,通常大于 8 mm。其结构特征是破碎机件之间有一定间隙,不互相接触。破碎机又可分为粗碎机、中碎机和细碎机。一般来说磨机处理的物料较细,产品粒度是细粒,可达 0.074 mm,甚至还要细些。其结构特征是破碎部件(或介质)互相接触,所采用的介质是钢球、钢棒、砾石或矿块等。但有的机械是同时兼有碎矿与磨矿作用,如用 $\phi 5.5\ \text{m} \times 1.8\ \text{m}$ 自磨机处理矿石粒度上限可达 350~400 mm,产品细度可达 -200 目占 40% 左右。

图 3-5 是各种破碎机械主要类型示意图。它是根据破碎方式、机械的构造特征(动作原理)来划分,大体上分为六类。

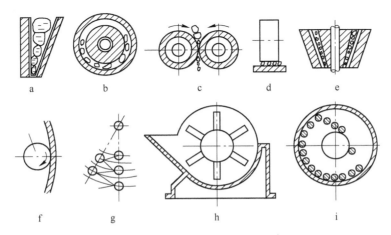

图 3-5 破碎机械主要类型示意图

（1）颚式破碎机（老虎口）（图3-5a）。破碎作用是靠可动颚板周期性地压向固定颚板，将夹在其中的矿块压碎。

（2）圆锥破碎机（图3-5b）。矿块处于内外两圆锥之间，外圆锥固定，内圆锥作偏心摆动，将夹在其中的矿块压碎或折断。

（3）辊式破碎机（图3-5c）。矿块在两个相向旋转的圆辊夹缝中，主要受到连续的压碎作用，但也带有磨剥作用，齿形辊面还有劈碎作用。

（4）冲击式破碎机（图3-5d、g、h）。矿块受到快速回转的运动部件的冲击作用而被击碎。属于这一类的又可分为：锤碎机（图3-5d）；笼式破碎机（图3-5g）；反击式破碎机（图3-5h）。

（5）磨矿机（图3-5f、i）。矿石在旋转的圆筒内受到磨矿介质（钢球、钢棒、砾石或矿块）的冲击与研磨作用而被粉碎。

（6）其他类型的破碎磨矿：

1）辊磨机。借滚动的棍子将物料碾碎。

2）盘磨机。利用垂直轴或水平轴的圆盘转动作为破碎部件。

3）离心磨矿机（图3-5e）。利用高速旋转部件和介质产生的离心力来完成破碎作用。

4）振动磨矿机。利用转轴产生高频率的振动，使介质与物料互相碰击而完成破碎作用。

各类破碎机有不同的规格，不同的使用范围。目前，选厂粗碎多用颚式破碎机或旋回破碎机；中碎采用标准型圆锥破碎机；细碎采用短头圆锥破碎机。另外，近些年来出现了超细碎破碎机产出粒度更细的产品，而反击式破碎机设计出新的品种，可用作粗、中碎设备，粗磨用棒磨机、细磨用球磨机。

4 碎矿理论及工艺

◆◇◆

4-1 总破碎比和部分破碎比有什么关系？

整个碎矿和磨矿流程的破碎比叫总破碎比 $i_总$，各阶段的破碎比 i_i (i_1、i_2、i_3、$\cdots$、i_n) 叫部分破碎比。设 D_{max} 是原矿的最大块直径，D_n 是破碎最终产物的最大粒直径，d_1、d_2、d_3、d_4、$\cdots$、d_{n-1}、d_n 是第一段、第二段、$\cdots$、第 n 段破碎产物中的最大粒直径，由于各破碎段是从大到小依次串联完成，则有如下关系：

$$i_总 = \frac{D_{max}}{d_1} \times \frac{d_1}{d_2} \times \cdots \times \frac{d_{n-1}}{d_n} = \frac{D_{max}}{d_n} = i_1 \times i_2 \times \cdots \times i_n \qquad (4-1)$$

即总破碎比等于各破碎段破碎比的连乘积，也就选用若干种合适的碎磨设备串联起来，将原矿分段逐步地破碎及磨碎到规定的入选粒度。

4-2 怎样评价破碎过程的效率？

为了评价破碎过程的效率，通常采用破碎处理量、破碎效率及破碎的技术效率来评价破碎过程。

（1）破碎处理量：从数量上评价破碎过程，以"t/h"表示处理能力大小，但必须指明给矿及排矿粒度。

（2）破碎效率：破碎是一个耗能巨大的过程，通常从能耗上评价破碎过程的效率，采用"kW·h/t"或"t/(kW·h)"作为评价破碎过程的指标。此指标也应指明给矿粒度及排矿粒度。

（3）破碎的技术效率：破碎既是减少粒度的过程，就需要从粒度减小的状况上评价破碎过程的技术效率。若破碎机的处理能力为 Q(t/h)，待破碎物料中小于规定粒级的含量为 α (%)，则原物料中需要破碎的物料为 $Q(1-\alpha)$。破碎后产品中小于规定粒级的含量为 β (%)，则 $Q(\beta-\alpha)$ 表示破碎后新产生的小于规定粒级的量。于是，破碎的技术效率 $E_技$ 为：

$$E_技 = \frac{Q(\beta-\alpha)}{Q(1-\beta)} \times 100\% = \frac{\beta-\alpha}{1-\alpha} \times 100\% \qquad (4-2)$$

在给排矿粒度一定的情况下，破碎处理量愈大效率愈高。"kW·h/t"愈小表示破碎效率愈高。"t/(kW·h)"愈大表示破碎效率愈高。$E_技$ 愈高表示破碎过程愈有效。

在同一个选矿厂，碎矿的给排矿粒度相同，采用上述几个评价指标能快速有效地评价各台破碎机的工作效率指导生产改进。

4-3 矿石的力学性质对矿石的破碎有什么影响？

矿石是破碎的对象，破碎又是个力学过程，故认识矿石的力学性质是十分重要的。矿石是硬而脆的晶体聚合材料,它的力学性质依破碎力的不同而表现出不同的抗破碎性能。矿石硬度大,采且压碎力破坏时必遭巨大的抵抗。矿石脆性大,抵抗折断及劈开作用的能力差,采用劈开及折断矿块时破碎容易进行。矿石脆性大,磨剥作用下容易造成过度粉碎。矿石是不同矿物的聚合体,力学性质极不均匀,矿石块中存在不少力学上的脆弱面,故抵抗冲击的能力很差,因而,用冲击破碎矿石耗能会是最低的。因此,仅从矿石的力学性质上分析,采用压碎破碎矿石不合理,采用折断及劈开破碎矿石较有利。但在实际破碎机械中,压碎力最容易实现,折断及劈开作用仅只能借助衬板上交错的破碎齿条来实现,而且大的矿石硬度使劈开作用难以进行,仅只对硬度低的煤矿块可采用劈开作用强的高尖破碎齿条破碎。因此,针对不同的矿石性质而选用合适的破碎力是破碎中的一条重要原则,即破碎力要适应于矿石性质,才会有好的破碎效果。对于硬矿石,应当用弯折配合冲击来破碎它,如采用磨剥,机器必遭严重磨损。对于脆性矿石,弯折及劈开较为有利,如采用磨剥,则产品中的过细粉末就会太多。对于韧性及黏性较大的矿石,宜采用磨剥方式破碎,若采用冲击及弯折均效果不好,等等。矿石的性质是多种多样的,针对矿石的性质而选用合适的破碎力方式是提高破碎效率的重要途径。

4-4　怎样表征岩矿力学性质对破碎磨碎的影响?

愈硬的矿石愈难破碎及磨碎,为了能将矿石力学强度对破碎及磨碎的影响进行量化确定,在工程计算上,提出用可碎性系数及可磨性系数来表征这种影响:

$$可碎性系数 = \frac{该碎矿机在同样条件下破碎指定矿石的生产率}{某破碎机破碎中硬矿石的生产率}$$

$$可磨性系数 = \frac{该磨矿机在同样条件下磨细指定矿石的生产率}{某磨矿机磨细中硬矿石的生产率}$$

4-5　选矿界常见的主要功耗学说有哪些,不同的功耗学说有何特点?

矿业界常见的几个主要功耗学说是体积学说,裂缝学说,面积学说。

(1) P. R. 雷廷格尔(Rittinger)面积学说。这是 1867 年 P. R. 雷廷格尔提出的,他认为,破碎矿石所做的功用于使矿块产生新的表面积,故破碎矿石消耗的功与产生的新表面积成正比。则此学说的物理基础表达式为:

$$A_1 = K_1 \Delta S \tag{4-3}$$

式中　A_1——产生新表面积 ΔS 所需的功;

　　　K_1——比例系数,即产生一个单位新表面积所需的功,又可以做比表面能。

(2) B. Π. 吉尔皮切夫、F. 基克(Kick)体积学说。体积学说是 B. Π. 吉尔皮夫 1874 年及 F. 基克 1885 年提出的,他们认为,破碎矿石所做的功,用于使矿块产生变形,变形到了极限就发生破碎,故破碎矿石所消耗的功与矿块的体积变形成正比。而变形与体积或重量又是成正比的,故体积学说的物理基础表达式为:

$$A_2 = K_2 \Delta V \tag{4-4}$$

式中　A_2——产生体积变形 ΔV 所需的功;

　　　K_2——比例系数,即产生一个单位体积变形所需的功。

(3) F. C. 邦德(Bond)及王文东裂缝学说。F. C. 邦德及我国学者王文东在共同整理

功耗与粒度关系的试验资料时,于1952年得出了一个经验公式:

$$W = W_i \left(\frac{10}{\sqrt{P}} - \frac{10}{\sqrt{F}} \right) \tag{4-5}$$

式中　W——将一短吨(907.18 kg)粒度为 F 的给矿破碎到产品粒度为 P 所耗的功,kW·h/短吨;

　　　　W_i——邦德功指数,即将"理论上无限大的粒度"破碎到80%可以通过100 μm 筛孔宽(或65%可以通过200目筛孔宽)时所需的功,kW·h/短吨;

　　　　F——给矿的80%能通过的方筛孔的宽,μm;

　　　　P——产品的80%能通过的方筛孔的宽,μm。

　　在建立上面的经验公式之后,邦德及王文东进一步作了下面的解释:破碎矿石时,外力作用的功首先使物体发生变形,当局部变形超过临界点后即生成裂缝,裂缝形成之后,储在物体内的变形能即使裂缝扩展并生成断面。输入功的有用部分转化为新生表面上的表面能,其他部分成为热损失。由于邦德提出的功耗学说围绕着裂缝的形成及扩展,故将它称为裂缝学说。

　　当外力作用于物体时,首先使物体变形,变形到一定程度物体就会生成微裂缝。变形能量集中在原有的和新生的微裂缝周围,使裂缝扩展。如果是脆性矿料,在裂缝开始传播的瞬间即行破裂,因为此时能量已积蓄到可以造成破裂的程度。在物体破裂之后,外力所做的功只有一部分形成表面能,其余呈热能损失。这就是物体发生破碎的实际过程,在此过程中,破坏物体所需的功包含了变形能和表面能。由物体破裂过程可知,三个功耗学说在一定程度上反映了破碎过程的功耗规律,各看到了破碎过程的一个阶段,各适用于一定的破碎阶段,体积学说看到了受外力发生变形的阶段,裂缝学说看到了裂缝的形成及发展,面积学说看到的是破碎后形成新表面。因此,三个功耗学说是互相补充的,并不相互矛盾。在低破碎比时(如粗碎)用体积学说较适宜;中等破碎比(如中细碎及粗磨)用裂缝学说较适宜;高破碎比(如细磨)则以面积学说为宜。应用各个功耗学说时,要注意各学说的适用范围,正确地加以选择。

4-6　怎样计算细磨及超细磨下的功耗?

　　20世纪70年代以后,工程上急需解决细磨及超细磨下功耗的计算问题,F. C. 邦德推荐采用下面的经验公式计算细磨及超细磨下的功耗:

$$A = \frac{P + 10.3}{1.145 P} \tag{4-6}$$

式中　A——产品粒度 P 时的功耗;

　　　　P——产品粒度,μm。

4-7　功耗学说有哪几方面的应用?

　　(1)计算磨机功耗:前面已经分析过,几个功耗学说中,只有邦德的功耗原式是可以用于直接计算磨矿功耗的。因为邦德功耗式(式4-5)中,给矿粒度 F 及产品粒度 P 是可以筛析测定的,而邦德功指数 W_i 可以按邦德规定的办法进行测定,故磨矿所需的功耗 W 是可以直接计算出来的。关于用功率来选择计算磨机,邦德的学生罗兰专门制定了具体的办法。

（2）已知标准矿石的功指数，可以用磨矿试验测定待测矿石的功指数：在相同条件下，用同一磨机分别磨细同样重量的标准矿石（功指数已知，如 $W_{i2} = 19.5$ kW·h/短吨和待测矿石（功指数 W_{i1} 未知），从它们的给矿和产品的筛分曲线中找出的 F 值和 P 值如下：

待测矿石的　　　　　　$F_1 = 960$ μm　　　　　　$P = 123$ μm

标准矿石的　　　　　　$F_2 = 1130$ μm　　　　　　$P = 133$ μm

因为用同一磨机在同样条件下磨细同样重量的两种矿石所耗的功应当相等，故从公式（4-5）可以列出：

$$W_{i2}\left\{\frac{10}{\sqrt{P_2}} - \frac{10}{\sqrt{F_2}}\right\} = W_{i1}\left\{\frac{10}{\sqrt{P_1}} - \frac{10}{\sqrt{F_1}}\right\}$$

即

$$W_{i1}\left\{\frac{10}{\sqrt{123}} - \frac{10}{\sqrt{960}}\right\} = 19.5\left\{\frac{10}{\sqrt{133}} - \frac{10}{\sqrt{1130}}\right\}$$

则 $W_{i1} = 19.2$ kW·h/短吨。

（3）用面积学说推测不同破碎比下的功耗：在同一磨机中，随着磨碎时间延长，破碎比增大，功耗增大，则可列出：

$$\frac{A_2}{A_1} = \frac{i_2 - 1}{i_1 - 1}$$

这里消去了难于测出的比例系数 K_1 可以测算出不同破碎比下的功耗。用此方法还可推测细磨及超细磨下的功耗。

4-8　矿料的破碎具有哪些特点？

目前的矿业工程中，矿料的粉碎方法基本上是机械破碎法占统治地位。因为矿料的破碎具有以下特点：（1）吨位巨大，即使是小选矿厂，每日也要破碎上百吨矿料，大选厂则每天要破碎数千吨至数万吨矿石。这就要求碎磨设备生产能力大。（2）矿料硬度大，对碎磨设备磨损严重，这就要求碎磨设备应当坚固耐用，及工作可靠；（3）能耗高，材料消耗高，而处理的矿石又是价廉的矿料，因此，破碎成本低几乎成了选择破碎方法的一条决定因素，破碎成本低的破碎方法才具有生命力。机械破碎法之所以占了统治地位，就因为它的成本低。机械破碎法虽然能耗高，材料消耗高，产品特性不好，等等，但它能满足矿料对破碎的要求，因此，目前及今后将仍是矿石破碎的主要方法。

4-9　除传统的机械破碎法外，还有哪些破碎方法？

除传统的机械破碎法外，目前研究的其他破碎方法大致有以下一些。

（1）电热照射法破碎。它的破碎原理是，岩矿在高频及超高频电磁场的作用下，易于吸收电磁能的矿物急剧受热，其他矿物仅靠热传导得到热量。受热速度不同使矿物间产生温度应力，从而使原矿的强度降低 $1/2 \sim 3/4$。美国曾在（4~7）×10⁶ Hz 及 25 kW 的线圈磁场下进行破碎铁燧岩的试验，前苏联曾在（0.5~50）×10⁶ Hz 及 6~14 kV 的电容片下对花岗岩等作研究。

（2）液电效应破碎。在液体内部进行高压和瞬时脉冲放电，放电区域内产生极高压力，可以将物体破碎,此种效应叫液电效应。此方法曾作大块矿石的破碎试验,在 65 kV,45 μF,25 μH 的放电电路内,破碎花岗岩及石英等不合格大块,1 m³ 的能量消耗约为 0.05~0.15 kW·h。此法也曾作过将 100 mm×70 mm×50 mm 的页岩、碧玉铁质岩和角岩破碎到 5 mm 以下的实验。

(3) 超声波粉碎法。美国尤他大学研究表明,超声波粉碎的原理是在破碎过程中施加一定的超声波,使矿粒产生共振,直接吸收超声波的能量,诱发裂纹。这种诱发的裂纹,对颗粒的破碎十分有效,能产生快速破碎及节能效果。这种粉碎方法与干式球磨相比,能产出粒度分布窄得多的产品,这一趋势在粗级别部分特别显著,产品中几乎没有什么粗颗粒出现,在细级别又可以避免过粉碎的产生。这种粉碎方法在颜料、高科技粉末,填料及陶瓷生产中有特殊的用途。

(4) 热力破碎法。实际是热与机械力相结合,用热处理的方法使矿石变弱,然后用机械破碎它,从而提高破碎效果。如果加热后又突然浸入水中水冷,会在矿块中产生应力,降低矿石强度,从而改善矿石可磨性。

(5) 高压水射流粉碎法。原理是把现行的挤压粉碎原理改为颗粒内裂纹的应力扩张破碎。利用射流高压水的压力从颗粒内部使内裂纹扩张而导致颗粒破碎。美国密苏里大学提出的方法实际是高压水射流破碎与机械力破碎相结合的新方法。

但上述这些研究大多属初期研究,而且成本高,或者只适于少量物料的粉碎。过去还曾做过斯奈德减压破碎法,并且做到 50 t/h 的规模,但最终因阀门的磨损问题解决不了而终止。近来一些研究在现有的破碎机械上附加振动也取得好的效果,但还属机械破碎法范围。

4-10 破碎段的基本形式有哪些?

破碎段是破碎流程的最基本单元。破碎段数的不同以及破碎机和筛子的组合不同,便有不同的碎矿流程。

破碎段是由筛分作业及筛上产物所进入的破碎作业所组成。个别的破碎段可以不包括筛分作业或同时包括两种筛分作业。

破碎段的基本形式有:如图 4-1a 为单一破碎作业的破碎段;图 4-1b 为带有预先筛分作业的破碎段;图 4-1c 为带有检查筛分作业的破碎段;图 4-1d 和图 4-1e 均为带有预先筛分和检查筛分作业的破碎段,其区别仅在于前者是预先筛分和检查筛分在不同的筛子上进行,后者是在同一筛子上进行,所以图 4-1e 型可看成是图 4-1d 型的改变。因此破碎段实际上只有四种形式。

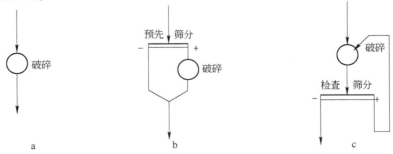

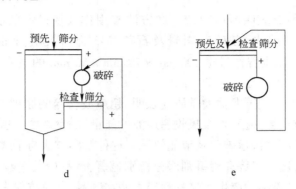

图 4-1　破碎段的基本形式

两段以上的破碎流程是不同破碎段的形式的各种组合,故有许多可能的方案。但是,合理的破碎流程,可以根据需要的破碎段数,以及应用预先筛分和检查筛分的必要性等加以确定。

4-11　怎样确定破碎段数?

需要的破碎段数取决于原矿的最大粒度,要求的最终破碎产物粒度,以及各破碎段所能达到的破碎比,即取决于要求的总破碎比及各段破碎比。

例:当原矿粒度为 1300~300 mm 及磨机给矿(即破碎最终)粒度为 25~10 mm 时,破碎流程的总破碎比为

$$i = \frac{D_{最大}}{d_{最大}} = \frac{1300}{10} = 130 \qquad i = \frac{D_{最大}}{d_{最大}} = \frac{300}{25} = 12$$

式中　　i——破碎作业的总破碎比;

$D_{最大}$、$d_{最大}$——原矿和破碎产物中的最大粒度(最大粒度指能通过 95% 矿量的方筛孔尺寸)。

对照表 4-1 所列出每段破碎比数值,便可知,即使最小的破碎比 12,用一段破碎也难以完成,而最大的破碎比 130(总破碎比等于各破碎段破碎比的连乘积,总破碎比 5×5×6 = 150 > 130)用三段破碎便可完成。故球磨作业前的破碎段通常用二段或三段。当原矿粒度小于 300 mm 时,可取二段。

其他情况下所需的破碎段数可依此类推。

表 4-1　各种破碎机在不同工作条件下的破碎比范围

破碎段数	破碎机形式	破碎流程	破碎比范围
第 I 段	颚式破碎机和旋回破碎机	开路	3~5
第 II 段	标准圆锥破碎机	开路	3~5
第 II 段	标准圆锥破碎机	闭路	4~8
第 III 段	短头圆锥破碎机	开路	3~6
第 III 段	短头圆锥破碎机	闭路	4~8
第 IV 段	对辊机	闭路	8~18

4-12 如何确定预先筛分和检查筛分?

预先筛分是在矿石进入破碎之前预先筛出合格的粒级,可以减少进入破碎机的矿量,提高破碎机的生产能力;同时可以防止富矿产生过粉碎。在处理含水分较高和粉矿较多的矿石时,潮湿的矿粉会堵塞破碎机的破碎腔,并显著降低破碎机的生产能力。利用预先筛分除掉湿而细的矿粉,可为破碎机造成较正常的工作条件。

因此,预先筛分的应用主要根据矿石中细粒级(小于该段破碎机排矿口宽度的粒级)的含量来决定。细粒级含量愈高,采用预先筛分愈有利。研究证明,技术上和经济上采用预先筛分有利的矿石,其中细粒级的极限含量与破碎机的破碎比有关,其关系如表4-2所示。

表4-2 采用预先筛分有利的细粒级含量极限值与破碎比的关系

破 碎 比	2.0	3.0	4.0	5.0	6.0	7.0
采用预先筛分有利的细粒级极限含量/%	28	26	21	17	15	14
原矿粒度特性为直线时的细粒级的含量/%	50	33	25	20	16.7	14.2

当原矿粒度特性为直线时,在各种破碎比的条件下,其中细粒级的含量均超过了上述极限值(即有利于采用预先筛分的极限含量)。

当原矿粒度特性为直线时,不管破碎比为多大,采用预先筛分总是有利的。多数情况下,原矿的粒度特性呈凹形,故破碎前采用预先筛分在经济上都是合算的。但由于采用预先筛分需要增加厂房的高度,当粗碎破碎机和中碎破碎机的产品粒度特性曲线大都是凹形,也就是说细粒占多数,故第二破碎段和第三破碎段采用预先筛分也是必要的。只有当选择的中碎机生产能力有富余时,才可考虑中碎前不用预先筛分。

检查筛分的目的是为了控制破碎产品的粒度,并利于充分发挥破碎机的生产能力。因为各种破碎机的破碎产物中都存在一部分大于排矿口宽度的粗粒级,如短头圆锥破碎机在破碎中等可碎性矿石时,产物中大于排矿口宽度的粒级含量达60%,最大粒度为排矿口的2.2~2.7倍;在破碎难碎性矿石时则更甚。各种破碎机破碎产物中粗粒级(大于排矿口尺寸)含量β%和最大相对粒度Z(即最大颗粒与排矿口尺寸之比)如表4-3。

表4-3 各种破碎机产物中的含量和最大相对粒度

矿石的可碎性等级	破碎机类型							
	旋回破碎机		颚式破碎机		标准圆锥破碎机		短头圆锥破碎机	
	β/%	Z	β/%	Z	β/%	Z	β/%	Z
难碎性矿石	35	1.65	38	1.75	53	2.4	75	2.9~3.0
中等可碎性矿石	20	1.45	25	1.6	35	1.9	60	2.2~2.7
易碎性矿石	12	1.25	13	1.4	22	1.6	38	1.8~2.2

采用检查筛分后,使不合格的粒级返回破碎机,就如同磨矿机与分级机构成闭路循环有利于提高磨矿效率一样,检查筛分对破碎机生产能力的发挥可以改善。但检查筛分的采用,会使投资增加,并使破碎车间的设备配置复杂化,故一般只在最末一个破碎段采用检查筛分,而且与预先筛分合并构成预先检查筛分闭路循环。

由此得出两点结论:(1)预先筛分在各破碎段均是必要的;检查筛分一般只在最末一个

破碎段采用。(2)破碎段数通常为 2~3 段。

4-13　如何确定洗矿作业是否必要？

在处理含泥量较多的氧化矿或其他含泥含水较多的矿石时，容易堵塞破碎筛分设备、矿仓、溜槽、漏斗，使破碎机生产能力显著下降，甚至影响正常生产，此时破碎流程必须考虑设置洗矿设施。一般认为原矿含水量大于 5%、含泥大于 5%~8%，就应该考虑洗矿，并以开路破碎为宜。

为了对某些矿石(如黑钨矿等)便于手选，光电选矿或重介质选矿，也需要设置洗矿作业。也有些矿石(如沉积铁锰矿床)在破碎过程中经过洗矿、脱泥，使有用矿物富集而获得合格产品。

4-14　如何确定最合理的碎矿产品粒度？

从采场来的大块矿石经过碎矿作业之后得到的粒度较小的产品，为磨矿作业提供一定的产品粒度，这就是碎矿的任务。对于碎矿作业来说，碎矿产品的粒度愈大，破碎机的生产率愈高，破碎的费用也就愈低。但是，对于磨矿作业来说，磨矿机的生产能力将随给矿粒度的增加而降低。反之，如果给矿粒度减小，磨矿机的生产能力会得到提高，磨矿费用可以降低。一般来说，在常规的碎矿磨矿流程中，碎矿的能耗较小，而磨矿的能耗大得多。据统计，碎矿仅为磨矿能耗的 12%~25%，并且碎矿的效率都高于磨矿，因此，在碎磨系统中，应尽量降低碎矿产品粒度，充分发挥碎矿的作用来提高磨矿机的处理能力，称为"多碎少磨"。由于碎矿产品粒度的减小，作为磨矿介质的钢球直径也可以减小，因而增加了球介质的表面积，使球介质与矿石的接触面积增大，也就增加了磨剥作用，使磨矿机的生产能力提高，钢球消耗也可以降低。

最终碎矿粒度的大小和选矿厂的规模有很大的关系，见表 4-4。

表 4-4　选矿厂的生产能力与球磨机给矿的合理粒度范围

选矿的生产能力/t·d⁻¹	500	1000	2500	4000
球磨机给矿最合理粒度，矿块最大尺寸/mm	10~15	6~12	5~10	4~8

选矿厂的规模愈大，缩小磨矿机给矿粒度的经济效果也愈显著。例如，据计算，对于规模为万 t/年的选矿厂，当碎矿的最终粒度由 20~0 mm 降至 12~0 mm 时，虽然破碎的生产能力下降了 1/3，但球磨机的能力可以提高 16%，设备投资可以节省 105.1 万元，装机功率低 3855 kW，每年节省电耗 3058.5 万 kW·h，约占全厂电耗量的 10%。

当然，表 4-4 中的数据不能机械搬用，还要考虑其他因素。例如设备因素，如果最后一段为短头圆锥破碎机时，破碎产物的最终粒度实际上不能小于 6~8 mm。为了避免闭路工作时所发生的困难，常将矿石最终粒度定为 8~10 mm，甚至还要大些，有时放宽到 10~15 mm。如果安装对辊机，虽然可以得到 4~5 mm 的最终粒度，但要考虑配置和管理方面的问题。在设计时应该保证各段破碎机的排矿口适当，不得超过允许的最小排矿口宽度。以便在设备能正常工作的条件下，获得最小的碎矿产品粒度。最适宜的碎矿产品粒度与破碎流程有很大的关系，见表 4-5。

表 4-5　采用不同碎矿流程,破碎中等可碎性矿石时,破碎产品的最适宜粒度

序号	流程名称	选厂规模	露天开采时适宜的粒度/mm	井下开采时适宜的粒度/mm	最后一段破碎机的形式
1	二段开路流程	小　型	—	25 ~ 30	标准型
2	二段闭路流程	中　型	—	10 ~ 15	短头型或标准型
3	三段开路流程	中　型	25 ~ 30	20 ~ 25	短头型
4	三段闭路流程	中型和大型	8 ~ 15	8 ~ 10	短头型
5	四段闭路流程	大　型	3 ~ 6	—	对辊机

　　综上所述,在确定最合理的碎矿粒度时,主要与选矿厂规模的大小、所采用的碎矿设备以及所使用的破碎流程等因素有关。根据"多碎少磨"的原则,应该以获得最小的碎矿粒度为宜。

5 破 碎 机 械

5-1 颚式破碎机的规格如何表示,最大给料块度与它的规格有什么关系?

颚式碎矿机的规格是用给矿口宽度 B × 长度 L 来表示。例如,1500 mm × 2100 mm 简摆颚式碎矿机,表示给矿口宽度为 1500 mm,长度为 2100 mm。

根据给矿口宽度(即最大给料块度)的大小,颚式碎矿机又可大致分为大、中、小型三种:给矿口宽度大于 600 mm 者称为大型;给矿口宽度为 300 ~ 600 mm 者称为中型;给矿口宽度小于 300 mm 者为小型颚式碎矿机。生产中给入颚式破碎机的最大给矿块度要比给料口宽度 B 小 15% ~ 20%,即给料最大块度 $D_{最大} = (0.85 ~ 0.80)B$。

5-2 颚式破碎机有几种类型,其工作原理是什么?

颚式破碎机通常都是按照可动颚板(动颚)的运动特性来进行分类的,工业中应用最广泛的主要有两种类型:简单摆动型及复杂摆动型颚式破碎机。

颚式碎矿机的工作原理是当可动颚板围绕悬挂轴对固定颚板做周期性的往复运动,时而靠近时而离开,就在可动颚板靠近固定颚板时,处在两颚板之间的矿石,受到压碎、劈裂和弯曲折断的联合作用而破碎;当可动颚板离开固定颚板时,已破碎的矿石在重力作用下,经碎矿机的排矿口排出。

5-3 简单摆动颚式破碎机的构造是怎样的?

我国生产的 900 mm × 1200 mm 简摆颚式碎矿机的构造如图 5-1 所示。

这种碎矿机主要是由破碎矿石的工作机构、使动颚运动的动作机构、超负荷的保险装置、排矿口的调整装置和机器的支承装置(即轴承)等部分组成。工作机构是指固定颚板和可动颚板 5 构成的破碎腔。它们分别衬有高锰钢(ZGMn13)制成的破碎齿板 2 和 4,用螺栓分别固定在可动颚板和固定颚板上。可动颚板的运动是借助连杆、推力板机构来实现的。它是由飞轮 7、偏心轴 8、连杆 9、前推力板 15 和后推力板 13 组成。飞轮分别装在偏心轴的两端,偏心轴支承在机架侧壁的主轴承中,连杆上部装在偏心轴上,前、后推力板的一端分别支承在连杆下部两侧的肘板支座 14 上,前推力板的另一端支承在动颚下部的肘板支座中,后推力板的另一端支承在机架后壁的肘板支座上。

5-4 颚式破碎机的排矿口调整方法有几种?

颚式碎矿机的排矿口调整方法主要有三种形式:

(1)垫片调整。在后推力板支座和机架后壁之间,放入一组厚度相等的垫片。利用增加或减少垫片层的数量,使碎矿机的排矿口减小或增大。这种方法可以多级调整,机器结构比较紧凑,可以减轻设备重量,但调整时一定要停车。大型颚式碎矿机多用这种调整方法。

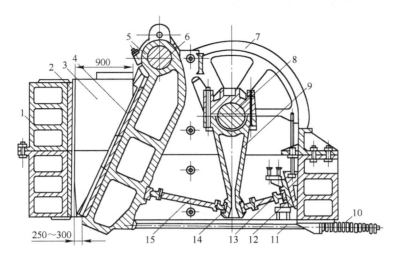

图 5-1　900 mm×1200 mm 简摆颚式碎矿机

1—机架;2,4—破碎齿板;3—侧面衬板;5—可动颚板;6—心轴;7—飞轮;8—偏心轴;
9—连杆;10—弹簧;11—拉杆;12—楔块;13—后推力板;14—肘板支座;15—前推力板

（2）楔块调整。借助后推力板支座与机架后壁之间的两个楔块的相对移动来实现碎矿机排矿口的调整（图 5-2）。转动螺栓上的螺帽,使调整楔块 3 沿着机架 4 的后壁作上升或下降移动,带动前楔块 2 向前或向后移动;从而推动推力板或动颚,以达到排矿口调整的目的。此法可以达到无级调整,调整方便,节省时间,不必停车调整,但增加了机器的尺寸和重量。中、小型颚式碎矿机常常采用这种调整装置。

（3）液压调整。近年来还有在此位置安装液压推动缸来调整排矿口的,见图 5-3 调整液压油缸 8。

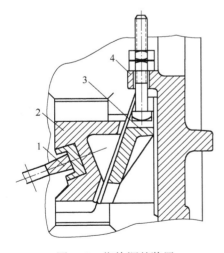

图 5-2　楔块调整装置

1—推力板;2—楔块;3—调整楔块;4—机架

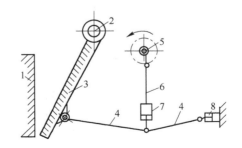

图 5-3　液压颚式破碎机

1—固定颚板;2—动颚悬挂轴;3—可动颚板;4—前(后)推力板;
5—偏心轴;6—连杆;7—连杆液压油缸;8—调整液压油缸

5—5 复杂摆动颚式破碎机与简摆颚式破碎机的不同之处是什么？

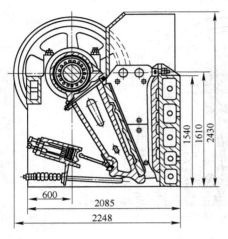

复摆颚式破碎机(图5-4)与简摆型不同之处是:少了一根动颚悬挂的心轴,动颚与连杆合为一个部件,少了连杆,肘板也只有一块。可见,复摆型构造简单,但动颚的运动比简摆型复杂。动颚在水平方向有摆动,同时在垂直方向也运动,是一种复杂运动,故此类机器称复杂摆动型颚式破碎机。

与简摆型相比,复摆型只有一根心轴,动颚重量及破碎力均集中在一根主轴上,主轴受力恶化,故长期以来复摆型多制成中小型设备,因而主轴承也可以采用传动效率高的滚动轴承。

但是,随着高强度材料及大型滚柱轴承的出现,复摆型开始大型化及简摆型也滚动轴承化。美国、苏联、日本、瑞典等国均生产了给矿口宽达1000~

图5-4 复摆颚式破碎机

1500 mm 的大型复摆颚式破碎机。我国也生产了900 mm×1200 mm 大型复摆颚式破碎机。

5—6 液压颚式破碎机有何特点？

我国生产的液压颚式破碎机不属液压传动型,仍属机械传动型,示意图见图5-3。它的构造特点是:在连杆体上装有一个液压缸,启动前缸内无油,缸体与活塞可以相对运动。启动时开始充油,也就是启动时下连杆头、前后肘板及动颚均不动,只是缸体以上的部件运动。启动一段时间后,缸内油已充满,活塞与缸体不能再相对运动,此时肘板及动颚也进入运动状态。因此,液压的第一个作用是分两段启动。第二个作用是液压保险,破碎腔落入非破碎物时,缸体内油急升,缸体上的安全阀打开,油自动流出,此时动颚可以不动,避免事故。液压的第三个作用是借后肘板与机架后壁之间的液压调整缸调整排矿口大小。我国已生产了900 mm×1200 mm 的液压颚式,现场使用反映尚好。

5—7 液压分段启动颚式破碎机与简摆颚式破碎机有何不同？

采用分段启动装置的国产1200 mm×1500 mm 简摆颚式破碎机与一般简摆颚式破碎机不同之处在于:在皮带轮与主轴及飞轮与主轴之间各安装了一个摩擦离合器。启动前两个离合器是打开的,皮带轮及飞轮与主轴可以相对活动。第一步启动只有皮带轮运转。皮带轮运转正常后,它与主轴之间的离合器闭合,二者合为一个运动整体,这是第二步启动。当它们运转正常后,飞轮与主轴之间的离合器又闭合,这是第三步启动,飞轮也进入运转。皮带轮、主轴、飞轮成为一个运动整体全部进入运转状态。摩擦离合器的打开及闭合由液压系统控制,各段启动的时间间隔由电磁继电器控制液压系统来实现。国产1200 mm×1500 mm 液压分段启动颚式破碎机在现场使用中反映尚好。

5—8 颚式破碎机的稀油循环润滑系统结构如何？

颚式碎矿机的稀油循环润滑系统如图5-5所示。稀油的循环系统包括储油箱(油槽)1,齿轮油泵2,油泵的电动机3,过滤冷却器4和带有测量的压力和温度仪表的管道系统。油泵把油从油槽中抽出,通过过滤冷却器和输油管,送到偏心轴的轴承上,同时,也沿着软管向连杆头中注油。从轴承中出来的油,沿着排油管道返回油槽,重新进行循环使用。循环的稀油,除了润滑摩擦部件以外,还起冷却作用。但在大型颚式碎矿机中,由于这些部件的工作条件恶劣,仅仅采用循环润滑仍然不足以把热量散去,还需要用水冷却。冷却水采用专设的管道输入和输出。

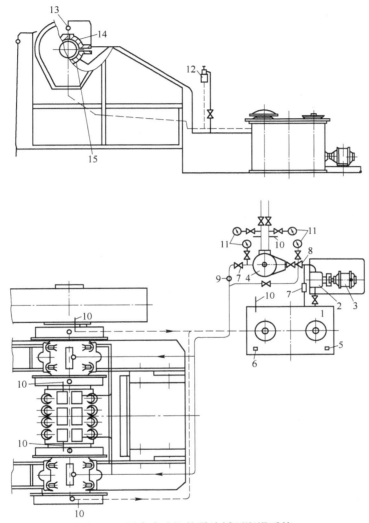

图 5-5　颚式碎矿机的稀油循环润滑系统

1—储油箱(油槽);2—油泵;3—电动机;4—过滤冷却器;5—油位限制器;6—温度继电器;
7—回油阀;8—逆止阀;9—压力继电器;10—电阻温度计;11—压力表;
12—调节式油流指示器;13—通过式油流指示器;14—主动轴承;15—连杆轴承

5-9　影响颚式破碎机生产能力和电机功率的主要参数有哪些?

影响碎矿机的生产能力和电机功率的主要参数有:

(1)给矿口宽度。给矿口宽度决定碎矿机最大给矿块度的大小,这是选择碎矿机规格时非常重要的数据。

颚式碎矿机的最大给矿块度是由碎矿机啮住矿石的条件决定的。一般颚式碎矿机的最大给矿块度(D)是碎矿机给矿口宽度(B)的 75% ~ 85%,即 $D = (0.75 ~ 0.85)B$,或者 $B = (1.25 ~ 1.15)D$,通常,复摆颚式碎矿机可取给矿口宽度的 85%,简摆颚式碎矿机则取给矿口宽度的 75%。

(2)啮角。啮角 α 是指钳住矿石时可动颚板和固定颚板之间的夹角。在碎矿过程中,啮角应该保证破碎腔内的矿石不至于跳出来,这就要求矿石和颚板工作面之间产生足够的摩擦力,以阻止矿块破碎时被挤出去。

大多数情况下,摩擦系数 $f = 0.2 ~ 0.3$,矿石与颚板之间的摩擦角 $\varphi > 12°$。实际上颚式碎矿机的啮角一般为 20° ~ 24°。

随着啮角的减小而排矿口尺寸必然增大,故啮角大小对碎矿机生产能力的影响很大。适当减小啮角,可以增加碎矿机的生产能力,但又会引起破碎比的变化。如果在破碎比不变的情况下,啮角的减小将会增大碎矿机的结构尺寸。近年来,采用一种曲面破碎齿板,它在保持破碎比不变的条件下,啮角将大大减小,而碎矿机的生产能力可以提高,且破碎齿板磨损减轻,功率消耗有所降低。

(3)偏心轴转数。颚式碎矿机的转数是指偏心轴在单位时间(分钟)内动颚摆动的次数。偏心轴每转一转(圈),动颚就往复摆动一次,前半转(圈)为破碎矿石的工作行程,后半转(圈)为排出矿石的空转行程,这是对简摆颚式碎矿机的工作情况而言。增加动颚摆动次数,可以增加碎矿机的生产能力,但有一定限度。当动颚摆动次数增到一定程度,矿石来不及从排矿口排出,反而造成破碎腔堵塞,实际上是降低了碎矿机的生产能力。所以,偏心轴转数大小应当适宜。

颚式碎矿机的偏心轴转速可用公式(5-1)粗略计算。

$$n = 470\sqrt{\frac{\tan\alpha}{S}} \tag{5-1}$$

对于大型颚式碎矿机,为了减小动颚的惯性力和降低功率消耗,通常按公式(5-1)计算的转数再降低 20% ~ 30%。

当前,在实际生产中,常用下面经验公式来确定颚式碎矿机的转速。

当给矿口宽度 $B \leqslant 1200$ mm 的颚式碎矿机,其偏心轴转速为:

$$n = 310 - 145B \tag{5-2}$$

而给矿口宽度 $B > 1200$ mm 的碎矿机,则

$$n = 160 - 42B \tag{5-3}$$

式中 B——颚式碎矿机的给矿口宽度,m。

利用式(5-2)和式(5-3)分别计算的偏心轴转数,与颚式碎矿机实际采用的转数比较接近,详见表5-1所示。

表5-1 颚式碎矿机偏心轴转数的计算对比

碎矿机形式和规格/mm × mm		颚式碎矿机的偏心轴转数/r·min^{-1}	
		按式(5-2)或式(5-3)计算	实际采用(按产品目录)
简单摆动	1500 × 2100	97	100
	1200 × 1500	136	135
	900 × 1200	180	180

碎矿机形式和规格/mm×mm		颚式碎矿机的偏心轴转数/r·min⁻¹	
		按式(5-2)或式(5-3)计算	实际采用(按产品目录)
复杂摆动	600×900	223	250
	400×600	252	250
	250×400	274	300
	150×250	228	300

5-10 颚式破碎机的产品粒度特性曲线有什么用途？

颚式碎矿机的产品粒度特性曲线如图5-6所示。破碎产物的粒度特性,决定于被破碎物料的性质,首先是它的硬度。产品粒度曲线,不仅反映碎矿机的工作性能和各种排矿口宽度下的产品特性,而且为碎矿机排矿口的调整提供了可靠的依据。此种以相对粒度(矿块粒度对排矿口之比值)表示的曲线很有用途。从曲线上可以找出产品中的最大粒度尺寸,可以找出产品中大于排矿口粒度级别(残余百分率)的含量,可以求任意粒度下的产率及任意产率下的粒度,还可以根据工艺要求的产率确定排矿口尺寸。图中绘有三种类型粒度特性曲线。在没有实际资料的情况下可以运用这3种典型粒度特性曲线。

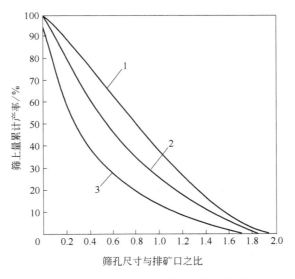

图5-6 颚式碎矿机产品粒度特性曲线
1—难碎性矿石;2—中等可碎性矿石;3—易碎性矿石

5-11 怎样计算颚式破碎机的生产能力？

生产能力(产量或生产率)是指在一定的给矿块度和所要求的排矿粒度条件下,单位时间(h),一台碎矿机能够处理的矿石量[t/(台·h)],它是衡量碎矿机处理能力的数量指标。

(1)理论计算公式。简摆颚式碎矿机生产能力的计算公式为:

$$Q = \frac{60nLSd\mu\delta}{\tan\alpha} \tag{5-4}$$

式中　n——偏心轴转数，r/min；

L——排矿口的长度，m；

S——动颚下部的水平行程，m；

d——破碎产品的平均粒径，m；

μ——破碎产品的松散系数，一般 $\mu = 0.25 \sim 0.70$，破碎硬矿石，可取小值；破碎不太硬矿石，则取大值；

δ——矿石的容重，t/m³。对于铁矿石，$\delta = 2.1 \sim 2.4$ t/m³；对于含石英矿石，$\delta = 1.6$ t/m³。

对于复摆颚式碎矿机的生产能力可按该式计算结果增大 20% ~ 30%。

（2）经验公式。经验公式是实践的总结，比较接近实际情况。在设计和生产中，经常采用经验公式来计算颚式碎矿机的生产能力。根据现有颚式碎矿机的实际资料综合得出的生产能力计算公式为：

$$Q = K_1 K_2 K_3 Q_0 \tag{5-5}$$

式中　Q——生产条件下的碎矿机生产能力，t/h；

Q_0——标准条件下（中硬矿石，容重 1.6 t/m³）开路破碎时的碎矿机生产能力，t/h；按下式确定：

$$Q_0 = q_0 e$$

q_0——碎矿机排矿口单位宽度的生产能力，t/(mm·h)，数值查表 5-2；

e——碎矿机生产时的排矿口宽度，mm；

K_1——矿石可碎性系数，查表 5-3；

K_2——矿石比重校正系数，可按下述关系考虑：

$$K_2 = \frac{\delta}{1.6}$$

δ——破碎矿石的容重，t/m³；

K_3——矿石粒度（或破碎比）校正系数，查表 5-4。

表 5-2　颚式碎矿机 q_0 值

碎矿机规格/mm × mm	250 × 400	400 × 600	600 × 900	900 × 1200	1200 × 1500	1500 × 2100
q_0	0.4	0.65	0.95 ~ 1.0	1.25 ~ 1.3	1.9	2.7

表 5-3　矿石可碎性系数 K_1

矿石强度	抗压强度/kg·cm⁻³	普氏硬度系数 f	K_1
硬	1600 ~ 2000	16 ~ 20	0.9 ~ 0.95
中硬	800 ~ 1600	8 ~ 16	1.0
软	<800	<8	1.1 ~ 1.2

表 5-4　矿石粒度校正系数 K_3

给矿最大粒度 D 和给矿口宽度 B 之比 $e = D_{最大}/B$	0.85	0.6	0.4
粒度校正系数 K_3	1.0	1.1	1.2

5-12　颚式破碎机在工作时应注意哪些事项?

正确使用是保证碎矿机连续正常工作的重要因素之一。操作不当或者操作过程中的疏忽大意,往往是造成设备和人身事故的重要原因。正确的操作就是严格按操作规程的规定执行。

启动前的准备工作:在颚式碎矿机启动以前,必须对设备进行全面的仔细检查:检查破碎齿板的磨损情况,调好排矿口尺寸;检查破碎腔内有无矿石,若有大块矿石,必须取出;连接螺栓是否松动;皮带轮和飞轮的保护外罩是否完整;三角皮带和拉杆弹簧的松紧程度是否合适;贮油箱(或干油贮油器)油量的注满程度和润滑系统的完好情况;电气设备和信号系统是否正常等等。

使用中的注意事项:

在启动碎矿机前,应该首先开动油泵电动机和冷却系统,经 3～4 min 后,待油压和油流指示器正常时,再开动碎矿机的电动机。

启动以后,如果碎矿机发出不正常的敲击声,应停车运转,查明和消除弊病后,重新启动机器。

碎矿机必须空载启动,启动后经一段时间,运转正常方可开动给矿设备。给入碎矿机的矿石应逐渐增加,直到满载运转。

操作中必须注意均匀给矿,矿石不许挤满破碎腔;而且给矿块的最大尺寸不应该大于给矿口宽度的 0.85 倍。同时,给矿时严防电铲的铲齿和钻机的钻头等非破碎物体进入碎矿机。一旦发现这些非破碎物体进入破碎腔,而又通过该机器的排矿口时,应立即通知皮带运输岗位及时取出,以免进入下一段碎矿机,造成严重的设备事故。

操作过程中,还要经常注意大矿块卡住碎矿机的给矿口,如果已经卡住时,定要使用铁钩去翻动矿石;如果大块矿石需要从破碎腔中取出时,应该采用专门器具,严禁用手去进行这些工作,以免发生事故。

运转当中,如果给矿太多或破碎腔堵塞,应该暂停给矿,待破碎腔内的矿石碎完以后,再开动给矿机,但是这时不准碎矿机停止运转。

在机器运转中,应该采取定时巡回检查,通过看、听、摸等方法观察碎矿机各部件的工作状况和轴承温度。对于大型颚式碎矿机的滑动轴承,更应该注意轴承温度,通常轴承温度不得超过 60℃ ,以防止合金轴瓦的熔化,产生烧瓦事故。当发现轴承温度很高时,切勿立即停止运转,应及时采取有效措施降低轴承温度,如:加大给油量,强制通风或采用水冷却等。待轴承温度下降后,方可停车,进行检查和排除故障。

为确保机器的正常运转,不允许不熟悉操作规程的人员单独操作碎矿机。

碎矿机停车时,必须按照生产流程顺序进行停车。首先一定要停止给矿,待破碎腔内的矿石全部排出以后,再停碎矿机和皮带机。当碎矿机停稳后,方可停止油泵的电动机。

应当注意,碎矿机因故突然停车,当事故处理完毕准备开车以前,必须清除破碎腔内积压的矿石,方准开车运转。

5-13　颚式破碎机在工作中常见的故障有哪些?

颚式碎矿机常见的设备故障、产生原因和消除方法列于表 5-5 中。

表 5–5　颚式碎矿机工作中的故障、原因及消除方法

设 备 故 障	产 生 原 因	清 除 方 法
碎矿机工作中听到金属的撞击声,破碎齿板抖动	破碎腔侧板衬板和破碎齿板松弛,固定螺栓松动或断裂	停止碎矿机,检查衬板固定情况,用锤子敲击侧壁上的固定楔块,然后拧紧楔块和衬板上的固定螺栓,或者更换动颚破碎齿板上的固定螺栓
推力板支承(滑块)中产生撞击声	弹簧拉力不足或弹簧损坏,推力板支承滑块产生很大磨损或松弛,推力板头部严重磨损	停止碎矿机,调整弹簧的拉紧力或更换弹簧;更换支承滑块;更换推力板
连杆头产生撞击声	偏心轴轴衬磨损	重新刮研轴或更换新轴衬
破碎产品粒度增大	破碎齿板下部显著磨损	将破碎齿板调转180°;或调整排矿口,减小宽度尺寸
剧烈的劈裂声后,动颚停止摆动,飞轮继续回转,连杆前后摇摆,拉杆弹簧松弛	由于落入非破碎物体,使推力板破坏或者铆钉被剪断;由于下述原因使连杆下部破坏:工作中连杆下部安装推力板支承滑块的凹槽出现裂缝;安装没有进行适当计算的保险推力板	停止碎矿机,拧开螺帽,取下连杆弹簧,将动颚向前挂起,检查推力板支承滑块,更换推力板;停止碎矿机,修理连杆
紧固螺栓松弛,特别使组合机架的螺栓松弛	振动	全面地扭紧全部连接螺栓,当机架拉紧螺栓松弛时,应停止碎矿机,把螺栓放在矿物油中预热到150℃后再安装上
飞轮回转,碎矿机停止工作,推力板从支承滑块中脱出	拉杆的弹簧损坏;拉杆损坏;拉杆螺帽脱扣	停止碎矿机,清除破碎腔内矿石,检查损坏原因,更换损坏的零件,安装推力板
飞轮显著地摆动,偏心轴回转减慢	皮带轮和飞轮的键松弛或损坏	停止碎矿机,更换键,校正键槽
碎矿机下部出现撞击声	拉杆缓冲弹簧的弹性消失或损坏	更换弹簧

5–14　颚式破碎机的主要易损件有哪些,根据易损周期进行的检修分几类?

在一定条件下工作的设备零件,其磨损情况通常是有一定规律的,工作了一定时间以后,就需要进行修复或更换,这段时间间隔叫做零件的磨损周期,或称为零件的使用期限。颚式碎矿机主要易磨损件的使用寿命和最低储备量的大致情况,可参考表5–6。

表 5–6　颚式碎矿机易磨损件的使用寿命和最低储备量

易磨损件名称	材　　料	使用寿命/月	最低储备量
可动颚的破碎齿板	锰　钢	4	2 件
固定颚的破碎齿板	锰　钢	4	2 件
后推力板	铸　铁	—	4 件
前推力板	铸　铁	24	1 件
推力板支承座(滑块)	碳　钢	10	2 套
偏心轴的轴承衬	合　金	36	1 套
动颚悬挂轴的轴承衬	青　铜	12	1 套
弹簧(拉杆)	60SiMn	—	2 件

根据易磨损周期的长短,还要对设备进行计划检修。计划检修又分为小修、中修和大修。

小修:碎矿车间设备进行的主要修理形式,即设备日常的维护检修工作。小修时,主要是检查更换严重磨损的零件,如,破碎齿板和推力板支承座等;修理轴颈,刮削轴承;调整和紧固螺栓;检查润滑系统,补充润滑油量等。

中修:在小修的基础上进行的。根据小修中检查和发现的问题,制定修理计划,确定需要更换零件项目。中修时经常要进行机组的全部拆卸,详细地检查重要零件的使用状况,并解决小修中不可能解决的零件修理和更换问题。

大修:对碎矿机进行比较彻底的修理。大修除包括中、小修的全部工作外,主要是拆卸机器的全部部件,进行仔细的全面检查,修复或更换全部磨损件,并对大修的机器设备进行全面的工作性能测定,以达到和原设备具有同样的性能。

5-15 圆锥破碎机有哪些类型,其工作原理是怎样的?

圆锥碎矿机按照使用范围,分为粗碎、中碎和细碎三种。粗碎圆锥碎矿机又叫旋回碎矿机。中碎和细碎圆锥碎矿机又称菌形圆锥碎矿机。

圆锥碎矿机的类型和构造虽有区别,但是它们的工作原理基本上是相同的。旋回碎矿机的工作原理如图 5-7 所示。它的工作机构是由两个截头圆锥体——可动圆锥和固定圆锥组成。可动圆锥的主轴支承在碎矿机横梁上面的悬挂点,并且斜插在偏心轴套内,主轴的中心线与机器的中心线间的夹角约 2°～3°。当主轴旋转时,它的中心线以悬挂点 7 为顶点划一圆锥面,其顶角约 4°～6°,并且可动圆锥沿周边靠近或离开固定圆锥。

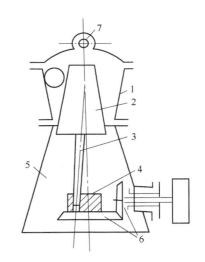

图 5-7 旋回碎矿机的工作原理
1—固定圆锥;2—可动圆锥;3—主轴;
4—偏心轴套;5—下机架;6—伞齿轮;7—悬挂

当可动圆锥靠近固定圆锥时,处于两锥体之间的矿石就被破碎;而其对面,可动圆锥离开固定圆锥,已破碎的矿石靠自重作用,经排矿口排出。这种碎矿机的碎矿工作是连续进行的,这一点与颚式碎矿机的工作原理不同。矿石在旋回碎矿机中,主要是受到挤压作用而破碎,但同时也受到弯曲作用而折断。

旋回碎矿机的可动圆锥,除了由传动机构推动围绕固定圆锥的轴线转动外,还有因偏心套与主轴之间的摩擦力矩围绕本身轴线的自转运动,自转速约为 10～15 r/min,它的运动状况与陀螺相似,都是旋回运动。当碎矿机空载运转时,作用在主轴上的摩擦力矩 M_1 使可动圆锥绕本身的轴线回转,其回转方向与偏心轴套转动方向相同;有载运转时,除了有摩擦力矩 M_1 的作用外,可动圆锥由于破碎力的作用又产生一个摩擦力矩 M_2。因为摩擦力 $F_2 > F_1$(摩擦系数 $f_2 > f_1$),回转半径 $r_2 > r_1$,所以 $M_2 > M_1$,因而可动圆锥的自转方向则与偏心轴套的回转方向相反。

碎矿机可动圆锥的自转运动,可使破碎产品粒度更加均匀,且使可动圆锥衬板均匀磨损。

中、细碎圆锥碎矿机,就工作原理和运动学方面而言,与旋回碎矿机是一样的,只是某些主要部件的结构特点有所不同而已。现就这类碎矿机的破碎腔型式来看,它又分为标准型(中碎用)、中间型(中、细碎用)和短头型(细碎用)三种,其中以标准型和短头型应用最为广泛。它们的主要区别,就在于破碎腔的剖面形状和平行带长度的不同(图5-8),标准型的平行带最短,短头型最长,中间型介于它们两者之间。例如,φ2200 圆锥碎矿机的平行带长度:标准型为 175 mm,短头型为 350 mm,中间型为 250 mm。这个平行带的作用,是使矿石在其中不只一次受到压碎,因而保证破碎产品的最大粒度不超过平行带的宽度,故适用于中碎、细碎各种硬度的矿石(物料)。由于圆锥碎矿机的工作是连续的,故设备单位重量的生产能力大,功率消耗低。

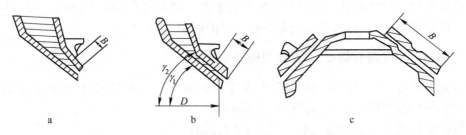

图 5-8　中细圆锥碎矿机的破碎腔型式
a—标准型;b—中间型;c—短头型

旋回碎矿机的规格是以给矿口宽度 B 表示。例如,1200 mm × 180 mm 旋回碎矿机,即给矿口宽度为 1200 mm,排矿口宽度为 180 mm。

5-16　中心排矿式旋回破碎机的基本构造是怎样的?

中心排矿式旋回破碎机的构造(图5-9),主要是由工作机构、传动机构、调整装置、保险装置和润滑系统等部分组成。

旋回碎矿机的工作机构是由可动圆锥 32(即破碎锥)和固定圆锥 10(即中部机架)构成。矿石就是在可动锥和固定锥形成的空间(即破碎腔)里被破碎的。固定锥的工作表面镶有锰钢衬板 11,衬板与中部机架之间必须采用锌合金(或水泥)浇铸。可动锥为一个正立的截头锥体,外表面装有锰钢衬板 33,为使衬板与锥体紧密结合,两者之间必须浇铸锌合金,衬板上端需用螺帽 8 压紧。为了防止螺帽松动,还在螺帽上装有锁紧板 7。可动锥装在主轴 31(竖轴)上面。主轴一般采用 45 ~ 50 号钢,大型碎矿机可用合金钢(24CrMoV 和35SiMn2MoV 等材料)制作。主轴的上面端部是通过锥形螺帽 2(开口螺母)、锥形压套 1、衬套 4 和支承环 6 等装置。悬挂在横梁 9 当中,主轴和可动锥的整个重量由横梁中的锥形轴承来支承。衬套 4 下端与锥形衬套 5 的内表面都是圆锥面,故能保证衬套沿支承环与锥形衬套滚动,满足了主轴运动的要求。主轴的下端插入偏心轴套 22 的偏心孔中,该孔的中心线与旋回碎矿机的轴线略成偏心。偏心轴套的内外表面都要浇铸(或熔焊)一层巴氏合金,但是外表面只浇铸 3/4 的巴氏合金。

传动机构作用是传递动力,当电动机转动时,通过三角皮带轮 18、联轴节 19、小圆锥齿轮 17,带动固定在偏心轴套 22 上的大圆锥齿轮 15 旋转,从而使动锥作旋摆运动。另外,在大圆锥齿轮与中心套筒 24 之间,装有三片止推圆盘 13。

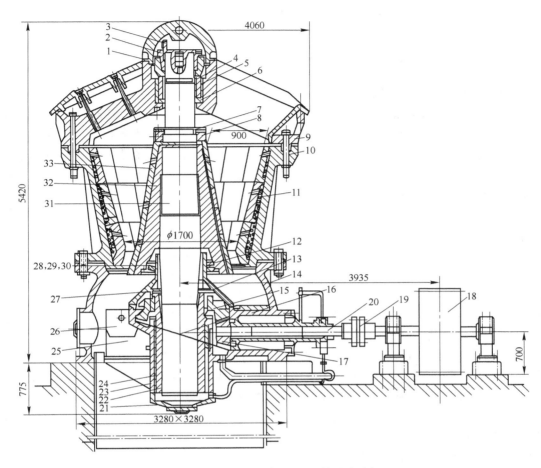

图 5-9　中心排矿式 900 mm 旋回碎矿机

1—锥形压套;2—锥形螺帽;3—楔形键;4—衬套;5—锥形衬套;6—支承环;7—锁紧板;8—螺帽;9—横梁;
10—固定圆锥;11—衬板;12—挡油环;13—止推圆盘;14—下机架;15—大圆锥齿轮;16—护板;17—小圆锥齿轮;
18—三角皮带轮;19—弹性联轴节;20—传动轴;21—机架下盖;22—偏心轴套;23—衬套;24—中心套筒;
25—筋板;26—护板;27—压盖;28~30—密封套环;31—主轴;32—可动圆锥;33—衬板

5-17　旋回破碎机的保险装置怎样工作?

旋回碎矿机的保险装置,一般采用装在皮带轮上的削弱断面的轴销来实现(图 5-10)。该轴销削弱断面的尺寸,通常是按照电动机负荷的两倍考虑计算的。如果旋回碎矿机进入大块非破碎物体,轴销首先应该被剪断,碎矿机停止运转,而使机器其他零件免遭损坏。这种装置虽然结构简单,但保险的可靠性较差。有人认为,粗碎旋回碎矿机可以不设保险装置,但一些生产的事

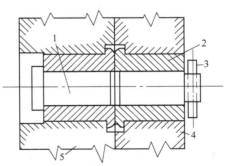

图 5-10　皮带轮的保险轴销示意图

1—保险轴销;2—衬套;3—开口销子;
4—三角皮带轮;5—轮毂

件说明,增设保险装置较好。例如,我国某铜矿选厂的 700 mm 旋回碎矿机,由于该机器没有保险装置,生产中由于非破碎物体进入破碎腔内,多次发生主轴断裂和小圆锥齿轮打齿等严重的设备事故。

5-18 旋回破碎机工作时应注意哪些事项?

为保障设备的安全运转,旋回破碎机在工作时应注意以下事项:

(1)圆锥碎矿机的地基应与厂房地基隔离开,地基的重量应为机器重量的 1.5~2.5 倍。装配时,首先将下部机架安装在地基上,然后依次安装中部和上部机架。在安装工作中,要注意校准机架套筒的中心线与机架上部法兰水平面之间的垂直度,下部、中部和上部机架的水平,以及它们的中心线是否同心。接着安装偏心轴套和圆锥齿轮,并调整间隙。随后将可动圆锥放入,再装好悬挂装置及横梁。安装完毕,进行 5~6 h 的空载试验。在试验中仔细检查各个联结件的联结情况,并随时测量油温是否超过 60℃。空载运转正常,再进行有载试验。

(2)在启动之前,须检查润滑系统、破碎腔以及传动件等情况。检查完毕,开动油泵 5~10 min,使碎矿机的各运动部件都受到润滑,然后再开动主电动机。让碎矿机空转 1~2 min 后,再开始给矿。碎矿机工作时,须经常按操作规程检查润滑系统,并注意在密封装置下面不要过多地堆积矿石。停车前,先停止给矿,待破碎腔内的矿石完全排出以后,才能停主电动机,最后关闭油泵。停车后,检查各部件,并进行日常的修理工作。

(3)润滑油要保持流动性良好,但温度不宜过高。气温低时,须用油箱中的电热器加热。当气温高时,用冷却过滤器冷却。工作时的油压为 150 kPa,进油管中的油速为 1.0~1.2 m/s,回油管的油速为 0.2~0.3 m/s。润滑油必须定期更换。该碎矿机的润滑系统和设备与颚式碎矿机的相同。润滑油分两路进入碎矿机,一股油从机器下部进入偏心轴套中,润滑偏心轴套和圆锥齿轮后流出;另一股油润滑传动轴承和皮带轮轴承,然后回到油箱。悬挂装置用甘油润滑,定期用手压油泵打入。

5-19 怎样对旋回破碎机进行维护?

为保障设备的正常运行,还需对旋回破碎机进行检修,检修分为小修、中修和大修。

小修:检查碎矿机的悬挂零件;检查防尘装置零件,并清除尘土;检查偏心轴套的接触面及其间隙,清洗润滑油沟,并清除沉积在零件上的油渣;测量传动轴和轴套之间的间隙;检查青铜圆盘的磨损程度;检查润滑系统和更换油箱中的润滑油。

中修:除了完成小修的全部任务外,主要是修理或更换衬板、机架及传动轴承。一般约为半年一次。

大修:一般为五年进行一次。除了完成中修的全部内容外,主要是修理下列各项:悬挂装置的零件,大齿轮与偏心轴套,传动轴和小齿轮,密封零件,支承垫圈以及更换全部磨损零件和部件等。同时,还必须对大修以后的碎矿机进行校正和测定工作。

5-20 旋回破碎机与颚式破碎机相比有哪些优缺点?

旋回碎矿机(与颚式碎矿机比较)的主要优点:

(1)破碎腔深度大,工作连续,生产能力高,单位电耗低。它与给矿口宽度相同的颚

式碎矿机相比,生产能力比后者要高一倍以上,而每吨矿石的电耗则比颚式低 0.5 ~ 1.2 倍;

(2) 工作比较平稳,振动较轻,机器设备的基础重量较小。旋回碎矿机的基础重量,通常为机器设备重量的 2~3 倍,而颚式碎矿机的基础重量则为机器本身重量的 5~10 倍;

(3) 可以挤满给矿,大型旋回碎矿机可以直接给入原矿石,无需增设矿仓和给矿机。而颚式碎矿机不能挤满给矿,且要求给矿均匀,故需要另设矿仓(或给矿漏斗)和给矿机,当矿石块度大于 400 mm 时,需要安装价格昂贵的重型板式给矿机;

(4) 旋回碎矿机易于启动,不像颚式碎矿机启动前需用辅助工具转动沉重的飞轮(分段启动颚式碎矿机例外);

(5) 旋回碎矿机生成的片状产品较颚式碎矿机要少。

但是,旋回碎矿机也存在以下缺点:

(1) 旋回的机身较高,比颚式碎矿机一般高 2~3 倍,故厂房的建筑费用较大;

(2) 机器重量较大,它比相同给矿口尺寸的颚式碎矿机要重 1.7~2 倍,故设备投资费较高;

(3) 它不适宜于破碎潮湿和黏性矿石;

(4) 安装、维护比较复杂,检修亦不方便。

5-21 怎样计算旋回破碎机的生产能力?

计算旋回破碎机的生产能力的公式有两个:

(1) 理论公式。旋回碎矿机的计算生产能力的理论公式,既不够准确,也不便于应用,所以只能从它看出各参数对生产能力的影响情况,该理论公式为:

$$Q = 377 \frac{\mu \delta r (e + r) D_1 n}{\tan \alpha_1 + \tan \alpha_2} \tag{5-6}$$

式中 μ——矿石的松散系数,$\mu = 0.3 ~ 0.7$;

r——偏心距,m;

e——排矿口宽度,m;

D_1——落下的环状体体积的平均直径,m,近似地等于固定锥的底部直径;

α_1——固定锥母线和垂直平面的夹角,(°);

α_2——可动锥母线和垂直平面的夹角,(°);

n——旋回碎矿机的转速,r/min。

(2) 经验公式。计算颚式碎矿机生产能力的经验公式(5-5),同样也适用于旋回碎矿机。其中 K_1、K_2 和 K_3 的选取,与颚式碎矿机的一样;但 q_0 值则查表 5-7。

表 5-7   旋回碎矿机的 q_0 值

碎矿机规格/cm	500/75	700/130	900/160	1200/180	1500/180	1500/300
q_0	2.5	3.0	4.5	6.0	10.5	13.5

5-22 旋回破碎机在工作中常见的故障有哪些,怎样消除?

旋回破碎机在工作中常见的故障及消除方法如表 5-8 所示。

表 5-8 旋回破碎机工作中产生的故障及消除方法

设 备 故 障	产 生 原 因	消 除 方 法
油泵装置产生强烈的敲击声	油泵与电动机安装得不同心； 半联轴节的销槽相对其槽孔轴线产生很大的偏心距； 联轴节的胶木销磨损	使其轴线安装同心； 把销轴堆焊出偏心，然后重刨； 更换销轴
油泵发热(温度为 40℃)	稠油过多	更换比较稀的油
油泵工作,但油压不足	吸入管堵塞； 油泵的齿轮磨损； 压力表不精确	清洗油管； 更换油泵； 更换压力表
油泵工作正常,压力表指示正常压力,但油流不出来	回油管堵塞； 回油管的坡度小； 黏油过多； 冷油过多	清洗回油管； 加大坡度； 更换比较稀的油； 加热油
油的指示器中没有油或油流中断,油压下降	油管堵塞； 油的温度低； 油泵工作不正常	检查或修理油路系统； 加热油； 修理或更换油泵
冷却过滤前后的压力表的压力差大于 40 kPa	过滤器中的滤网堵塞	清洗过滤器
在循环油中发现很硬的掺和物	滤网撕破； 工作时油未经过过滤器	修理或更换滤网； 切断旁路;使油通过过滤器
流回的油减少,油箱中的油也显著减少	油在破碎机下部漏掉； 或者由于排油沟堵塞； 油从密封圈中漏出	停止破碎机工作,检查和消除漏油原因； 调整给油量,清洗或加深排油沟
冷却器前后温度差过小	水阀开得过小,冷却水不足	开大水阀,正常给水
冷却器前后的水与油的压力差过大	散热器堵塞； 油的温度低于允许值	清洗散热器； 在油箱中将油加热到正常温度
从冷却器出来的油温超过 45℃	没有冷却水或水不足； 冷却水温度高； 冷却系统堵塞	给入冷却水或开大水阀,正常给水； 检查水的压力,使其超过最小许用值； 清洗冷却器
回油温度超过 60℃	偏心轴套中摩擦面产生有害的摩擦	停机运转,拆开检查偏心轴套,消除温度增高的原因
传动轴润滑油的回油温度超过 60℃	轴承不正常,阻塞,散热面不足或青铜套的油沟断面不足等	停止破碎机,拆开和检查摩擦表面
随着排油温度的升高,油路中的油压也增加	油管或破碎机零件上的油沟堵塞	停止破碎机,找出并消除温度升高的原因
油箱中发现水或水中发现油	冷却水的压力超过油的压力； 冷却器中的水管局部破裂,使水渗入油中	使冷却水的压力比油压低 50 kPa； 检查冷却器水管连接部分是否漏水
油被灰尘弄脏	防尘装置未起作用	清洗防尘及密封装置,清洗油管并重新换油
强烈劈裂声后,可动圆锥停止转动,皮带轮继续转动	主轴折断	拆开破碎机,找出折断损坏的原因,安装新的主轴

设备故障	产生原因	消除方法
碎矿时产生强烈的敲击声	可动圆锥衬板松弛	校正锁紧螺帽的拧紧程度； 当铸锌剥落时，需重新浇铸
皮带轮转动,而可动圆锥不动	连接皮带轮与传动轴的保险销被剪断(由于掉入非破碎物体)； 键与齿轮被损坏	消除破碎腔内的矿石,拣出非破碎物体,安装新的保险销； 拆开破碎机,更换损坏的零件

5-23 旋回破碎机的主要易损件是哪些,使用寿命如何?

旋回破碎机的主要易损件及使用寿命如表5-9所示。

表5-9 旋回破碎机易磨损零件的使用寿命和最低储备量

易磨损件名称	材料	使用寿命/月	最低储备量
可动圆锥的上部衬板	锰钢	6	2套
可动圆锥的下部衬板	锰钢	4	2套
固定圆锥的上部衬板	锰钢	6	2套
固定圆锥的下部衬板	锰钢	6	2套
偏心轴套	巴氏合金	36	1件
齿轮	优质钢	36	1件
传动轴	优质钢	36	1件
排矿槽的护板	锰钢	6	2套
横梁护板	锰钢	12	1件
悬挂装置的零件	锰钢	48	1套
主轴	优质钢	—	1件

5-24 中、细碎圆锥破碎机的结构与旋回破碎机相比有何区别?

中、细碎圆锥碎矿机的工作原理与旋回碎矿机基本类似,但在结构上还是有差别的,主要区别(图5-11)是:

(1)旋回碎矿机的两个圆锥形状都是急倾斜的,可动锥是正立的,固定锥则为倒立的截头圆锥,这主要是为了增大给矿块度的需要。中、细碎圆锥碎矿机的两个圆锥形状均是缓倾斜的、正立的截头圆锥,而且两锥体之间具有一定长度的平行碎矿区(平行带),这是为了控制排矿产品粒度的要求,因为中、细碎碎矿机与粗碎机不同,它是以破碎产品质量和生产能力作为首要的考虑因素。

(2)旋回碎矿机的可动锥悬挂在机器上部的横

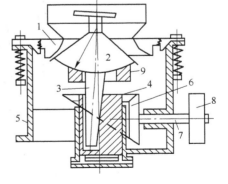

图5-11 圆锥碎矿机的示意图
1—固定锥;2—可动锥;3—主轴;
4—偏心轴套;5—机架;6—圆锥齿轮;
7—转动轴;8—皮带轮;9—球面轴承

梁上;中、细碎圆锥碎矿机的可动锥是支承在球面轴承上。

（3）旋回碎矿机采用干式防尘装置;中、细碎圆锥碎矿机使用水封防尘装置。

（4）旋回碎矿机是利用调整可动锥的升高或下降,来改变排矿口尺寸的大小;中、细碎圆锥碎矿机是用调节固定锥(调整环)的高度位置,来实现排矿口宽度的调整。

中、细碎圆锥碎矿机按照排矿口调整装置和保险方式的不同,又分为弹簧圆锥碎矿机和液压圆锥碎矿机。

5-25 弹簧圆锥破碎机的基本构造及工作原理如何?

图 5-12 是 1750 型弹簧圆锥碎矿机的构造图。它与旋回碎矿机的构造大体相似,但也有些明显的区别,现简介如下。

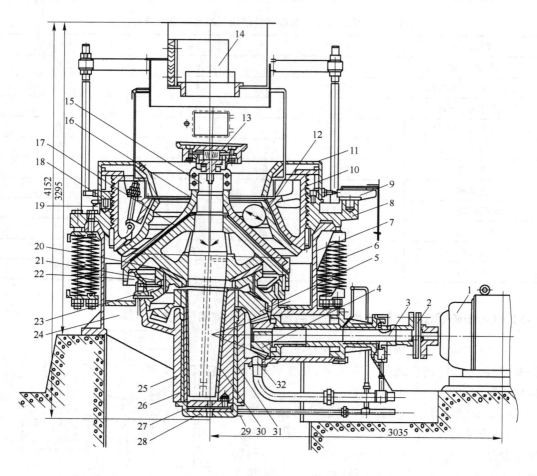

图 5-12 1750 型圆锥碎矿机

1—电动机;2—联轴节;3—转动轴;4—小圆锥齿轮;5—大圆锥齿轮;6—保险弹簧;7—机架;8—支承环;
9—推动油缸;10—调整环;11—防尘罩;12—固定锥衬板;13—给矿盘;14—给矿箱;15—主轴;16—可动锥衬板;
17—可动锥体;18—锁紧螺帽;19—活塞;20—球面轴瓦;21—球面轴承座;22—球形颈圈;23—环形槽;24—筋板;
25—中心套筒;26—衬套;27—止推圆盘;28—机架下盖;29—进油孔;30—锥形衬套;31—偏心轴承;32—排油孔

工作机构是由带有锰钢衬板的可动圆锥和固定圆锥(调整环 10)组成。可动锥的锥体压装在主轴(竖轴)上。主轴的一端插入偏心轴套的锥形孔内。在偏心轴套的锥形孔中装有青铜衬套或 MC—6 尼龙衬套。当偏心轴套转动时,就带动可动锥作旋摆运动。为了保证可动锥作旋摆运动的要求,可动锥体的下部表面要做成球面,并支承在球面轴承上。可动锥体和主轴的全部重量都由球面轴承和机架承受。

圆锥碎矿机的调整装置和锁紧机构,实际上都是固定锥的一部分,主要是由调整环 10、支承环 8、锁紧螺帽 18、推动油缸 9 和锁紧油缸等组成。其中调整环和支承环则构成排矿口尺寸的调整装置。支承环安装在机架的上部,并借助于碎矿机周围的弹簧 6 与机架 7 贴紧。支承环上部装有锁紧油缸和活塞(1750 型圆锥碎矿机装有 12 个油缸,2200 型圆锥碎矿机装有 16 个油缸),而且支承环与调整环的接触面处均刻有锯齿形螺纹。两对拨爪和一对推动油缸分别装在支承环上。碎矿机工作时,高压油通入锁紧缸使活塞上升,将锁紧螺帽和调整环稍微顶起,使得两者的锯齿形螺纹呈斜面紧密贴合。调整排矿口时,需将锁紧缸卸载,使锯齿形螺纹放松,然后操纵液压系统,使推动缸动作,从而带动调整环顺时针或反时针转动,借助锯齿形螺纹传动,使得固定锥上升或下降,以实现排矿口的调整。

保险装置是这种碎矿机的安全保护措施,就是利用装设在机架周围的弹簧作为保险装置。当破碎腔中进入非破碎物体时,支承在弹簧上面的支承环和调整环被迫向上抬起而压缩弹簧,从而增大了可动锥与固定锥的距离,使排矿口尺寸增大,排出非破碎物体,避免机件的损坏。然后,支承环和调整环在弹簧的弹力影响下,很快恢复到原来位置,重新进行碎矿。

5—26 液压圆锥破碎机的工作原理如何?

液压圆锥破碎机按照液压油缸在圆锥碎矿机上安放位置和装置数量,可分为顶部单缸,底部单缸和机体周围的多缸等型式。尽管油缸数量和安装位置的不同,但它们的基本原理和液压系统都是相类似的。现以我国当前应用较多的底部单缸液压圆锥碎矿机为例作一说明。这种碎矿机的工作原理与弹簧圆锥碎矿机相同,但在结构上取消了弹簧圆锥碎矿机的调整环、支承环和锁紧装置以及球面轴承等零件。该碎矿机的液压调整装置和液压保险装置,都是通过支承在可动锥体的主轴底部的液压油缸(一个)和油压系统来实现的。底部单缸液压圆锥碎矿机的构造如图 5—13 所示。可动锥体的主轴下端插入偏心轴套中,并支承在油缸活塞上面的球面圆盘上,活塞下面通入高压油用于支承活塞。由于偏心轴套的转动,从而使可动锥作锥面运动。

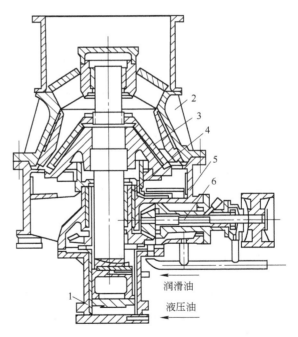

润滑油
液压油

图 5—13 底部单缸液压圆锥碎矿机
1—液压油缸;2—固定锥;3—可动锥;
4—偏心轴套;5—机架;6—转动轴

5-27 影响圆锥破碎机工作的主要参数有哪些?

圆锥碎矿机的工作参数是反映碎矿机的工作状况和结构特征的基本参数。它的主要参数有:给矿口与排矿口宽度、啮角、平行带长度和可动锥摆动次数。

(1) 给矿口与排矿口宽度。圆锥碎矿机的给矿口宽度,是指可动锥离开固定锥处两锥体上端的距离。

旋回碎矿机给矿口宽度的选取原则与颚式碎矿机相同。

中、细碎圆锥碎矿机,一般给矿口宽度 $B = (1.20 \sim 1.25)D$,给矿粒度 D 视碎矿流程决定。对于中、细碎设备来说,破碎产品的粒度组成又常比给矿口宽度更为重要。在确定中碎圆锥碎矿机的排矿口宽度时,必须考虑破碎产品中过大颗粒对细碎机给矿粒度的影响,因为中碎机一般不设检查筛分,而细碎圆锥碎矿机通常都有检查筛分,前者的排矿口宽度一般就是所要求的产品粒度。

(2) 啮角。啮角 α 是指可动锥和固定锥表面之间的夹角。根据分析颚式碎矿机的啮角所得的结论,圆锥碎矿机的啮角亦需满足下述关系。

旋回碎矿机的啮角 α (图 5-14) 为:

$$\alpha = \alpha_1 + \alpha_2 \leqslant 2\varphi \tag{5-7}$$

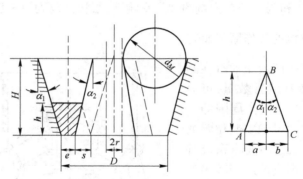

图 5-14 旋回碎矿机的啮角

式中　φ——矿石与锥面之间的摩擦角,(°);

　　α_1——固定锥母线和垂直平面的夹角,(°);

　　α_2——可动锥母线和垂直平面的夹角,(°)。

一般取 $\alpha = 22° \sim 27°$。

中碎圆锥碎矿机的啮角 α (参看图 5-8b) 为:

$$\alpha = \gamma_2 - \gamma_1 \leqslant 2\varphi \tag{5-8}$$

式中　γ_2——固定锥工作表面与水平线的夹角,(°);

　　γ_1——可动锥工作表面与水平线的夹角,(°)。

一般 $\alpha = 20° \sim 23°$。

至于细碎圆锥碎矿机,它的破碎腔一般都能满足公式(5-8)表示的条件,无需考虑啮角问题。

啮角过大,矿石将在破碎腔内打滑,降低生产能力,增加衬板磨损和电能消耗;啮角太小,则破碎腔过长,增加了机器高度和成本。

（3）平行带长度。为了保证破碎产品达到一定的细度和均匀度,中、细碎圆锥碎矿机的破碎腔下部必须设有平行碎矿区（或平行带）,使矿石排出之前,在平行带中至少受一次挤压。平行带长度 L 与碎矿机的类型和规格有关。

中碎圆锥碎矿机　　　　　　　　　$L=0.085D$ 　　　　　　　　　(5-9a)

细碎圆锥碎矿机　　　　　　　　　$L=0.16D$ 　　　　　　　　　(5-9b)

式中　D——可动锥下部的最大直径,mm。

（4）可动锥摆动次数:

1）旋回碎矿机动锥的摆动次数。它的排矿过程与颚式碎矿机相同,均靠矿石的自重进行排矿。

计算旋回碎矿机的转速理论公式为:

$$n=470\sqrt{\frac{\tan\alpha_1+\tan\alpha_2}{r}}\tag{5-10}$$

式中　r——偏心距,mm;

α_1——固定锥母线和垂直平面的夹角,(°);

α_2——可动锥母线和垂直平面的夹角,(°)。

实际工作中,通常是按下面的经验公式来计算旋回碎矿机的转速,该式为:

$$n=160-42B(\text{r/min})\tag{5-11}$$

式中　B——旋回碎矿机的给矿口宽度,m。

2）中、细碎圆锥碎矿机动锥的摆动次数。

由于这类碎矿机可动锥的倾角较小,而且破碎腔内均有一段平行带,故已碎矿石几乎没有可能自由下落,多半是靠矿石自重沿着可动锥体的斜面下滑而进行排矿。

图 5-15 为已破碎矿石在可动锥体上的受力情况。中、细碎圆锥破碎机转速的理论计算公式为:

$$n=1330\sqrt{\frac{\sin\gamma-f\cos\gamma}{L}}\tag{5-12}$$

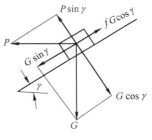

图 5-15　矿石在可动锥体上的受力情况

式中　L——破碎腔的平行带长度,cm;

f——矿石与锥体表面的摩擦系数,一般 $f=0.35$;

γ——可动锥的倾角,(°)。

对于短头型（细碎）圆锥碎矿机,其平行带长度约比标准型圆锥碎矿机增大一倍,故矿石经过平行碎矿区时要遭受两次破碎。实际上,为了制造方便,制造厂已将同样规格的中、细碎圆锥碎矿机选用相同的转速。

另外,中、细碎圆锥碎矿机可用下面的经验公式计算转速 $n(\text{r/min})$:

$$n=81(4.92-D)\tag{5-13}$$

式中　D——可动锥下部的最大直径,m。

公式(5-13)计算的结果与碎矿机实际采用的转速比较接近。

对于单缸液压圆锥碎矿机的可动锥摆动次数,可用下列经验公式计算:

$$n = 400 - 90D \tag{5-14}$$

式中　D——符号意义和单位同上。

公式(5-14)计算的结果与单缸液压圆锥碎矿机应用的转数也是比较接近的

5-28　怎样计算中、细碎圆锥破碎机的生产能力？

计算中、细碎圆锥破碎机的生产能力的公式有理论公式及经验公式。

（1）理论公式。标准型圆锥碎矿机的生产能力公式为：

$$Q = 60Vn\mu\delta = 188neLD\mu\delta \tag{5-15}$$

式中　n——圆锥碎矿机的主轴转速，r/min；

e——平行带的排矿口宽度，m；

L——平行带的长度，m；

D——可动圆锥下部的最大直径，m；

μ——矿石的松散系数；

δ——矿石的容重，t/m^3；

由于公式(5-15)中的松散系数很难正确选取，而且又没有考虑碎矿机型式等因素的影响情况，因而此式只能供分析影响因素时参考。

（2）经验公式。

1）开路破碎时，中、细碎弹簧圆锥碎矿机的生产能力的计算公式与计算颚式碎矿机生产能力的经验公式(5-5)相同。该经验公式为：

$$Q = K_1 K_2 K_3 Q_0 \tag{5-16}$$

式中　Q——生产条件下的碎矿机生产能力，t/h；

Q_0——标准条件下（中硬矿石，容重 $1.6\ t/m^3$）开路破碎时的碎矿机生产能力，t/h，按下式确定：

$$Q_0 = q_0 e$$

式中　q_0——碎矿机排矿口单位宽度的生产能力，$t/(mm \cdot h)$，分别查表5-10和表5-11。

e——碎矿机生产时的排矿口宽度，mm；

K_1——矿石可碎性系数，查表5-12；

K_2——矿石比重校正系数，可按下述关系考虑：

$$K_2 = \frac{\delta}{1.6}$$

δ——破碎矿石的容重，t/m^3；

K_3——矿石粒度（或破碎比）校正系数，见表5-13。

表 5-10　开路破碎时标准型和中间型圆锥碎矿机的 q_0 值

碎矿机规格(ϕ)/mm	600	900	1200	1650	1750	2100	2200
q_0	1.0	2.5	4.0~4.5	7.8~8.0	8.0~9.0	13.0~13.5	14.0~15.0

注：当排矿口小时取大值；排矿口大时取小值。

表 5-11　开路破碎时短头型圆锥碎矿机的 q_0 值

碎矿机规格(ϕ)/mm	900	1200	1650	1750	2100	2200
q_0	4.0	6.5	12.0	14.0	21.0	24.0

表 5-12 矿石可碎性系数 K_1

矿石强度	抗压强度/kg·cm^{-3}	普氏硬度系数 f	K_1
硬	1600～2000	16～20	0.9～0.95
中硬	800～1600	8～16	1.0
软	<800	<8	1.1～1.2

表 5-13 细碎弹簧圆锥碎矿机的矿石粒度的校正系数 K_3

标准型或中间型圆锥碎矿机		短头型圆锥碎矿机	
$\dfrac{e}{B}$	K_3	$\dfrac{e}{B}$	K_3
0.60	0.90～0.98	0.35	0.90～0.94
0.55	0.92～1.00	0.25	1.00～1.05
0.40	0.96～1.06	0.15	1.06～1.12
0.35	1.00～1.10	0.075	1.14～1.20

注：1. e 指上段碎矿机的排矿口；B 为本段碎矿机(中碎或细碎圆锥碎矿机)的给矿口，当闭路破碎时，系指闭路碎矿机的排矿口与给矿口的比值。

2. 设有预先筛分取小值；不设预先筛分取大值。

2）在闭路破碎时，需按闭路碎矿机通过矿量来计算生产能力，计算公式如下：

$$Q_闭 = KQ_开 \tag{5-17}$$

式中　$Q_闭$——闭路破碎时碎矿机的生产能力，t/h；

　　　$Q_开$——开路破碎时碎矿机的生产能力，t/h；

　　　K——闭路时平均给矿粒度变细的系数，中间型或短头型圆锥碎矿机在闭路时，一般按 1.15～1.40 选取（矿石硬时取小值，软时取大值）。

单缸液压圆锥碎矿机的生产能力计算法与前面的相似，计算公式为：

$$Q = q_0 e \frac{\delta}{1.6} \tag{5-18}$$

式中　q_0——碎矿机排矿口单位宽度的生产能力，t/(h·mm)，根据碎矿机的形式，查表 5-14；

　　　e——碎矿机的排矿口宽度，mm；

　　　δ——矿石的容重，t/m^3。

表 5-14 单缸液压圆锥碎矿机的 q_0 值

碎矿机规格/mm	q_0 值		
	标准型	中间型	短头型
660	1.35	1.48	2.29
900	2.50	2.76	4.25
1200	4.46	4.90	7.56
1650	8.45	9.25	14.30
2200	15.0	16.5	25.4
3000	28.0	30.6	47.3

5-29　怎样对中、细碎圆锥破碎机进行使用和维护？

安装时首先将机架安装在基础上，并校准水平度，接着安装传动轴。将偏心轴套从机架上部装入机架套筒中，并校准圆锥齿轮的间隙。然后安装球面轴承支座以及润滑系统和水封系统，并将装配好的主轴和可动圆锥插入，接着安装支承环、调整环和弹簧，最后安装给料装置。

破碎机装好后，进行 7～8 h 空载试验。如无毛病，再进行 12～16 h 有载试验，此时，排油管排出的油温不应超过 50～60℃。

碎矿机启动以前，首先检查破碎腔内有无矿石或其他物体卡住；检查排矿口的宽度是否合适；检查弹簧保险装置是否正常；检查油箱中的油量、油温（冬季不低于 20℃）情况；并向水封防尘装置给水，再检查其排水情况，等等。

作了上述检查，并确信检查的正确后，可按下列程序开动碎矿机。

开动油泵检查油压，油压一般应在 80～150 kPa。注意油压切勿过高，以免发生事故，如：我国某铁矿的碎矿车间，由于碎矿机油泵的压力超过 300 kPa，结果导致中碎圆锥碎矿机的重大设备事故。另外，冷却器中的水压应比油压低 50 kPa，以免水掺入油中。

油泵正常运转 3～5 min 后，再启动碎矿机。碎矿机空转 1～2 min，一切正常后，开动给矿机进行碎矿工作。

给入碎矿机中的矿石，应该从分料盘上均匀地给入破碎腔，否则将引起机器的过负荷，并使可动圆锥和固定圆锥的衬板过早磨损，而且降低设备的生产能力，并产生不均匀的产品粒度。同时，给入矿石不允许只从一侧（面）进入破碎腔，而且给矿粒度应控制在规定的范围内。

注意均匀给矿的同时，还必须注意排矿问题，如果排矿堆积在碎矿机排矿口的下面，有可能把可动圆锥顶起来，以致发生重大事故。因此，发现排矿口堵塞以后，应立即停机，迅速进行处理。

对于细碎圆锥碎矿机的产品粒度必须严格控制，以提高磨矿机的生产能力和降低磨矿费用。为此，要求操作人员定期检查排矿口的磨损状况，并即时调整排矿口尺寸，再用铅块进行测量，以保证破碎产品粒度的要求。

为使碎矿机安全正常生产，还必须注意保险弹簧在机器运转中的情况。如果弹簧具有正常的紧度，但支承环经常跳起，此时不能随便采取拧紧弹簧的办法，而必须找出支撑环跳的原因，除了进入非破碎物体以外，可能是由于给矿不均匀或者过多，排矿尺寸过小、潮湿矿石堵塞排矿口等原因造成的。

应当看到，为了保持排矿口宽度，应根据衬板磨损情况，每两三天顺时针回转调整环使其稍稍下降，可以缩小由于磨损而增大了的排矿口间隙。当调整环顺时针转动 2～2.5 圈后，排矿口尺寸仍不能满足要求时，就得更换衬板了。

停止碎矿机，要先停给矿机，待破碎腔内的矿石全部排出后，再停碎矿机的电动机，最后停油泵。

中、细碎圆锥碎矿机修理工作的内容如下：

小修：检查球面轴承的接触面，检查圆锥衬套与偏心轴套之间的间隙和接触面，检查圆锥齿轮传动的径向和轴向间隙；校正传动轴套的装配情况；并测量轴套与轴之间的间隙；调整保护板;更换润滑油等。

中修:在完成小修全部内容的基础上,重点检查和修理:可动锥的衬板和调整环、偏心轴套、球面轴承和密封装置等。中修的间隔时间决定于这些零部件的磨损状况。

大修:除了完成中修的全部项目外,主要是对圆锥碎矿机进行彻底检修。检修的项目有:更换可动圆锥机架、偏心轴套、圆锥齿轮和动锥主轴等。修复后的碎矿机,必须进行校正和调整。大修的时间间隔取决于这些部件的磨损程度。

5-30 中、细碎圆锥破碎机在工作中常见的故障有哪些,怎样消除?

中、细碎圆锥碎矿机工作中产生的故障及消除方法如表5-15所示。

表5-15 中、细碎圆锥碎矿机工作中产生的故障及消除方法

设备故障	产生原因	消除方法
传动轴回转不均匀,产生强烈的敲击声或敲击声后皮带轮转动,而可动圆锥不动	圆锥齿轮的齿由于安装的缺陷和运转中传动轴的轴向间隙过大而磨损或损坏; 皮带轮或齿轮的键损坏; 主轴由于掉入非破碎物体而折断	停止碎矿机,更换齿轮,并校正啮合间隙; 换键; 更换主轴,并加强挑铁工作
碎矿机产生强烈的振动,可动圆锥迅速运转	主轴由于下列原因而被锥形衬套包紧: 主轴与衬套之间没有润滑油或油中有灰尘; 由于可动圆锥下沉或球面轴承损坏; 锥形衬套间隙不足	停止碎矿机,找出并消除原因
碎矿机工作时产生振动	弹簧压力不足; 碎矿机给入细的和黏性物料; 给矿不均匀或给矿过多; 弹簧刚性不足	拧紧弹簧上的压紧螺帽或更换弹簧; 调整碎矿机的给矿; 换成刚性较大的强力弹簧
碎矿机向上抬起的同时产生强烈的敲击声,然后又正常工作	破碎腔中掉入非破碎物体,时常引起主轴的折断	加强挑铁工作
碎矿或空转时产生可以听见的劈裂声	可动圆锥或固定圆锥衬板松弛; 螺钉或耳环损坏; 可动圆锥或固定圆锥衬板不圆而产生冲击	停止碎矿机,检查螺钉拧紧情况和铸锌层是否脱落,重新铸锌; 停止碎矿机,拆下调整环,更换螺帽与耳环; 安装时检查衬板的椭圆度,必要时进行机械加工
螺钉从机架法兰孔和弹簧中跳出	机架拉紧螺帽损坏	停机,更换螺钉
破碎产品中含有大块矿石	可动圆锥衬板磨损	下降固定圆锥,减小排矿口间隙
水封装置中没有流入水	水封装置的给水管不正确	停机,找出并消除给水中断的原因

5-31 中、细碎圆锥破碎机的主要易损件是哪些,使用寿命如何?

中、细碎圆锥碎矿机主要易磨损零件的使用寿命和最低储备量见表5-16。

表 5-16　中、细碎圆锥碎矿机易磨损零件的使用寿命和最低储备量

易磨损件名称	材　料	使用寿命/月	最低储备量
可动圆锥的衬板	锰　钢	6	2 件
固定圆锥的衬板	锰　钢	6	2 件
偏心轴衬套	青　铜	18～24	1 套
圆锥齿轮	优质钢	24～36	1 件
偏心轴套	碳　钢	48	1 件
传动轴	优质钢	24～36	1 件
球面轴承	青　铜	48	1 件
主　轴	优质钢	—	1 件

5-32　反击式破碎机的基本构造及其工作原理如何?

（1）反击式碎矿机的基本结构。反击式碎矿机按照转子数目不同,可分为两种:单转子和双转子反击式碎矿机。反击式碎矿机的基本构造如图 5-16 所示。

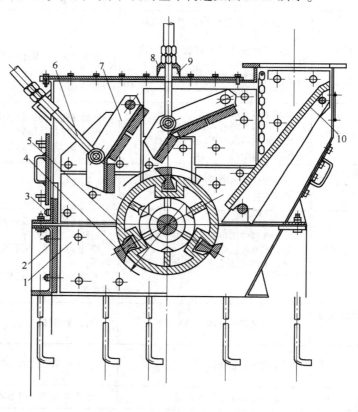

图 5-16　φ500 mm × 400 mm 单转子反击式碎矿机
1—机体保护衬板;2—下机体;3—上机体;4—打击板;5—转子;6—拉杆螺栓;
7—反击板;8—球面垫圈;9—锥面垫圈;10—给矿溜板

　　单转子反击式碎矿机的构造(图5-16)比较简单,主要是由转子5(打击板4)、反击板7和机体等部分组成。转子固定在主轴上。在圆柱形的转子上装有三块(或者若干块)打击板(板锤),打击板和转子多呈刚性连接,而打击板系用耐磨的高锰钢(或其他合金钢)制作。

　　双转子反击式碎矿机,根据转子的转动方向和转子配置位置,又分为下述三种(如图5-17所示)。

　　1)两个转子反向回转的反击式碎矿机(图5-17a)。两转子运动方向相反,相当于两个平行配置的单转子反击式碎矿机并联组成。两个转子分别与反击板构成独立的破碎腔,进行分腔碎矿。这种碎矿机的生产能力高,能够破碎较大块度的矿石,而且两转子水平配置可以降低机器的高度,故可作为大型矿山的粗、中碎碎矿机。

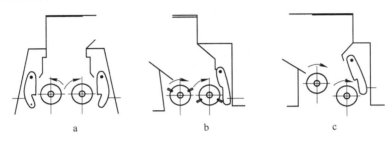

图5-17　双转子反击式碎矿机的结构示意图

　　2)两个转子同向回转的反击式碎矿机(图5-17b)。两转子运动方向相同,相当于两个平行装置的单转子反击式碎矿机的串联使用,两个转子构成两个破碎腔。第一个转子相当于粗碎,第二个转子相当于细碎,即一台反击式碎矿机可以同时作为粗碎和中、细碎设备使用。该碎矿机的破碎比大,生产能力高,但功率消耗多。

　　3)两个转子同向回转的反击式碎矿机(图5-17c)。两转子是按照一定的高度差进行配置的,其中一个转子位置稍高,用于矿石的粗碎;另一个转子位置稍低,作为矿石的细碎。这种碎矿机就是利用扩大转子的工作角度,采用分腔(破碎腔)集中反击破碎原理,使得两个转子充分发挥粗碎和细碎的碎矿作用。所以,这种设备的破碎比大、生产能力高、产品粒度均匀。而且两个转子呈高差配置时,可以减少漏掉不合乎要求的大颗粒产品粒度的缺陷。

　　转子、板锤和反击板是构成反击式碎矿机的主体。

　　(2)反击式碎矿机的工作原理。反击式碎矿机(又称冲击式碎矿机)属于利用冲击能破碎矿石的机械设备。就运用机械能的形式而言,应用冲击力"自由"破碎原理的碎矿机,要比以静压力的挤压破碎原理的碎矿机优越。上述各类碎矿设备(颚式、旋回等)基本上都是以挤压破碎作用原理为主的碎矿机,而反击式碎矿机则是利用冲击力"自由"破碎原理来粉碎矿石的,它属于高能强的破碎设备,如图5-18所示。矿石进入碎矿机中,主要是受到高速回转的打击板的冲

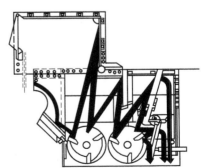

图5-18　反击式碎矿机
工作原理示意图

击,矿石则沿着层理面、节理面进行选择性破碎。被冲击以后的矿石获得巨大的动能,并以很高的速度,沿着打击板的切线方向抛向第一级反击板,经反击板的冲击作用,矿石再次受到击碎,然后从第一级反击板返回的料块,又遭受打击板的重新撞击,继续给予粉碎。破碎后的物料,同样又以很高速度抛向第二级反击板,再次遭到击碎,从而导致矿石(物料)在反击式碎矿机中的"连锁"式的碎矿作用。当矿石在打击板和反击板之间的往返途中,除了打击板和反击板的冲击作用外,还有矿石(物料)之间的多次相互撞击作用。上述这种过程反复进行。直到破碎后的物料粒度小于打击板和反击板之间的间隙时,就从碎矿机下部排出,即为破碎后的产品。

5-33 反击式破碎机的优点是什么?

反击式碎矿机虽然出现较晚,但发展极快。目前,它已在我国的水泥、建筑材料、煤炭和化工以及选矿等工业部门广泛用于各种矿石中、细碎作业,也可用做矿石的粗碎设备。反击式碎矿机之所以如此迅速发展,主要是因为它具有下述的重要特点:

(1) 破碎比很大。一般碎矿机的破碎比最大不超过 10,而反击式碎矿机的破碎比一般为 30~40,最大可达 150。因此,当前采用的三段破碎工艺流程,如用一段或两段反击式碎矿机就可以完成了,从而大大地简化了生产流程,节省了投资费用。

(2) 破碎效率高,电能消耗低。因为一般矿石的抗冲击强度比抗压强度要小得多,同时,由于矿石受到打击板的高速作用和多次冲击之后,矿石沿着节理分界面和组织脆弱的地方首先击裂,因此,这类碎矿机的破碎效率高,而且电能消耗低。

(3) 产品粒度均匀,过粉碎现象少。这种碎矿机是利用动能($E = 1/2mv^2$。式中 E 为动能;m 为矿块的质量;v 为矿块的运动速度。)破碎矿石的,而每块矿石所具有的动能大小与该块矿石的质量成正比。因此,在碎矿过程中,大块矿石受到较大程度的破碎,但较小颗粒的矿石,在一定条件下则不被破碎,故破碎产品粒度均匀,过粉碎现象少。

(4) 可以选择性破碎。在冲击碎矿过程中,有用矿物和脉石首先沿着节理面破裂,以利于有用矿物产生单体分离,尤其是对于粗粒嵌布的有用矿物(如钨矿等),这点更加显著。

(5) 适应性大。这种碎矿机可以破碎脆性、纤维性和中硬以下的矿石,特别适合于石灰石等脆性矿石的破碎,所以,水泥和化学工业采用反击式碎矿机是很适宜的。

(6) 设备体积小、重量轻、结构简单、制造容易且维修方便。

基于反击式碎矿机具有上述这些明显的优点,当前各国都在广泛采用,大力发展。但是,反击式碎矿机的主要缺点,就是破碎硬矿石时,其板锤(打击板)和反击板的磨损较大,此外,反击式碎矿机是高速转动且靠冲击来碎矿的机器,零件加工的精度要求高,并且要进行静平衡和动平衡,才能延长使用时间。

5-34 怎样表示反击式破碎机的规格,国产反击式破碎机的技术规格有哪些?

反击式碎矿机的规格是用转子直径 D(实际上是板锤端部所绘出的圆周直径)×转子长度 L 来表示。例如,$\phi 1250 \times 1000$ 单转子反击式碎矿机,表示转子直径为 1250 mm,转子长度为 1000 mm。

我国生产的反击式碎矿机的产品系列参考表 5-17。

表5-17 反击式碎矿机的技术规格

型式	转子尺寸 （直径×长度） /mm×mm	最大给矿 粒度/mm	排矿粒度 /mm	生产能力 /t·h^{-1}	电动机功率 /kW	转子转速 /r·min^{-1}	机器重量/t	制造厂
单转子	$\phi500\times400$	100	<20	4~10	7.5	960	1.35	上海重型 机器厂等
	$\phi1000\times700$	250	<30	15~30	40	680	5.54	
	$\phi1250\times1000$	250	<50	40~80	95	475	15.25	
	$\phi1600\times1400$	500	<30	80~120	155	228;326;456	35.6	
双转子	$\phi1250\times1250$	850	<20 （90%）	80~150	130 155	第一转子565 第二转子765	58	上海重型 机器厂

5-35 怎样计算反击式破碎机的生产能力？

在生产实践和试验研究中发现，反击式碎矿机的生产能力 Q 与转子速度、转子表面和板锤前面所形成的空间有关。

计算反击式破碎机的生产能力的理论公式为：

$$Q_2 = 60C(h+a)bdn\delta$$

但理论生产能力与实际生产能力相差很大，因此必须乘以校正系数 K_1，即得生产能力公式为：

$$Q = K_1Q_2 = 60K_1C(h+a)bdn\delta \qquad (5-19)$$

式中　Q——反击式破碎机的生产能力，t/h；

　　　K_1——校正系数，一般取0.1；

　　　C——板锤个数；

　　　h——板锤高度，m；

　　　a——板锤与反击板之间的间隙，m；

　　　b——板锤宽度，m；

　　　d——排料粒度，m；

　　　n——转子转速，r/min；

　　　δ——矿石的容重，t/m^3。

以上公式中的字母如图5-19所示。

此外，反击式碎矿机的生产能力还可按下式计算：

$$Q = 3600\mu\delta Lav \qquad (5-20)$$

式中　μ——松散系数，$\mu=0.2\sim0.7$；

　　　δ——矿石的容重，t/m^3；

　　　L——辊子的长度，m；

　　　a——反击板与板锤之间的间隙，m；

　　　v——板锤的线速度（辊子的圆周速度），m/s。

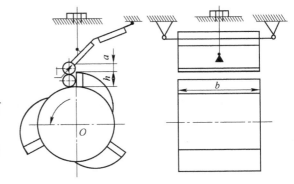

图5-19　排料通路示意图

5-36 怎样对反击式破碎机进行使用和维护？

（1）反击式破碎机的使用。在正常使用时，操作人员主要根据板锤的磨损情况及破碎产品的粒度来调节冲击板或研磨板与板锤之间的径向间隙。板锤的线速度虽然在操作时不进行调节,但破碎产品的粒度特性取决于板锤的线速度,如图 5-20 所示。

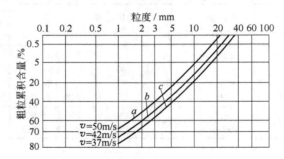

图 5-20　破碎产品的粒度特性与板锤线速度之间的关系
a—50 m/s;b—42 m/s;c—37 m/s

随着板锤的磨损,破碎产品的粒度将逐渐变粗,图 5-21 中曲线 1 为用新板锤、曲线 2 为用磨损后的板锤破碎产品粒度曲线。物料是玄武岩,给料粒度 $D = 40 \sim 120$ mm。

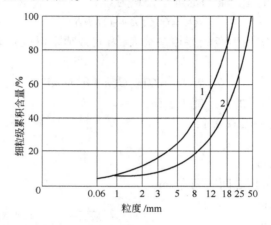

图 5-21　破碎产品的粒度特性与板锤磨损的关系
1—新板锤;2—磨损的板锤

(2) 反击破碎机的维护。反击破碎机的板锤和反击板磨损较快,需要经常维护。当前,我国主要采用高锰钢制造板锤和冲击板。由于各厂家的热处理和材质不相同,致使寿命也相差悬殊。我国还研究试验用过低合金白口铸铁或高铬白口铸铁制造冲击锤,其硬度较高,耐磨性好,生产简便,成本低,取得了良好的效果。

有些厂家在碳钢板锤上,用"上焊 64"和"上焊 64A"焊条堆焊一层,或利用高锰钢焊条在高锰钢制的板锤上堆焊一层,这种方法既可以抗磨损,提高工作寿命,也可以修复旧的板锤或冲击板。

国外对板锤和冲击板的材质做过大量工作。有的用特殊合金钢,例如用铬钼合金钢并经特殊热处理以破碎硬物料,也有用碳钢、高铬铸铁的。

板锤的形状和固定方法对维修来说是很重要的因素。图 5-22a 是用螺钉固定,其结构简单,拆装时不必把转子吊出机外,但螺钉受剪切,易于折断;图 5-22b 中螺钉不受剪,但拆装仍需拧螺钉,较为不便;图 5-22c 中板锤从侧面插入转子的沟槽中,两端采用压板压紧,但是这种固定方式使板锤不够牢固,工作中容易松动,这是因为板锤制造加工要求很高以及高锰钢等合金材料不易加工所致;图5-22d 中用楔铁 4 固定。这种固定方式越来越坚固,而且工作可靠,拆换比较方便,这是板锤目前较好的一种固定方式,各国都在采用这种固定方式。板锤的形状除便于拆装外,还应提高金属利用率,通常可达 2/3 左右。

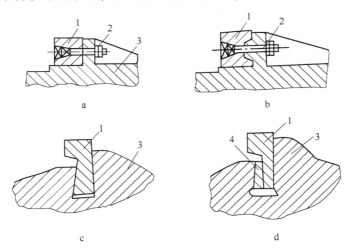

图 5-22　板锤的固定方法
1—板锤;2—埋头螺钉;3—转子;4—楔块

板锤的重量应准确,其误差不得超过 ±0.5 kg,以保证机器转动时平稳运转。转子作静平衡实验时,要求转子停在任何位置上时不得转动 1/10 圆周。

安装反击破碎机轴承必须按生产轴承厂家规定的方法,检查、调整轴承的间隙及润滑装置,并及时更换密封圈,以保证轴承的工作正常。

5-37　辊式破碎机的类型、构造及工作原理怎样,它有哪些优缺点?

辊式碎矿机有两种基本类型:双辊式和单辊式。

双辊式碎矿机(又叫对辊碎矿机),是由两个圆柱形辊筒作为主要的工作机构(图5-23)。工作时两个圆辊做相向旋转,由于物料(矿石)和辊子之间的摩擦作用,将给入的物料卷入两辊所形成的破碎腔内而被压碎。破碎的产品在重力作用下,从两个辊子之间的间隙处排出。该间隙的大小即决定破碎产品的最大粒度。双辊式碎矿机通常都用于物料的中、细碎。

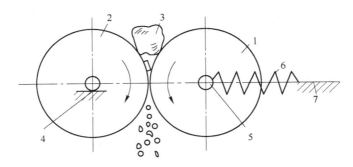

图 5-23　双辊式碎矿机的工作原理
1,2—辊子;3—物料;4—固定轴承;5—可动轴承;6—弹簧;7—机架

单辊式碎矿机是由一个旋转的辊子和一个颚板组成,又称为颚辊式碎矿机。矿石在辊子和颚板之间被压碎,然后从排矿口排出。这种碎矿机可用于中等硬度黏性矿石的粗碎。

辊式碎矿机的辊子表面分为光滑的和非光滑(齿形和槽形)的辊面两类。

光面辊式碎矿机的碎矿作用主要是压碎,并兼有研磨作用。这种碎矿机主要用于中硬矿石的中、细碎。齿面辊式碎矿机以劈碎作用为主,同时兼有研磨作用,适用于脆性和软矿石的粗碎和中碎。

辊式破碎机具有结构简单、紧凑轻便、工作可靠,价格低廉、维修方便等优点,并且破碎产品粒度均匀,过粉碎小,产品粒度细(可以破碎到 3 mm 以下)。所以适于处理脆性物料及含泥土黏性物料的小型选厂(如钨矿),作为中、细碎之用。

辊式破碎机的主要缺点是处理能力低。

5-38　怎样表示辊式破碎机的规格,国产的辊式破碎机有哪些技术规格?

辊式碎矿机的规格用辊子直径 $D \times$ 长度 L 表示。

我国生产的辊式碎矿机系列产品列于表 5-18。

表 5-18　辊式碎矿机定型产品技术规格

规格型式	辊子规格 (直径×长度) /mm×mm	给矿粒度 /mm	排矿粒度 /mm	生产能力 /t·h⁻¹	辊子转速 /r·min⁻¹	电机功率 /kW	机器重量 /t
400×250 双辊	φ400×250	20~32	2~8	5~10	200	11×2	1.3
600×400 双辊	φ600×400	8~36	2~9	4~15	120	11	2.55
750×500 双辊	φ750×500	40	2~10	3~17	—	28	12.25
1200×1000 双辊	φ1200×2800	40	2~12	15~90	122.5	2×40	45.3
1100×1600 单辊	φ1100×1600	—	≤100			20	15
1500×2800 单辊	φ1500×2800	—	≤200			55	55
900×700 单辊	φ900×700	40~100		16~18	上 104/下 189	—	27.3
450×500 双齿辊	φ450×500	200	0~25;0~50 0~75;0~100	20;35 45;55	64	8;11	3.765
600×750 双齿辊	φ600×750	600	0~50;0~75 0~100;0~125	60;80 100;125	50	20; 22	6.712
1100×1620 单齿辊	φ1600×1620	—	<100	60~90	4.32/5.81	22	15
1600×2640 单齿辊	φ1600×2640	—	150	400	6	40	37.4

5-39　辊式破碎机的性能及用途是什么?

辊式破碎机可用于粗碎、中碎、细碎和粗磨。例如我国生产的单辊破碎机和齿面双辊破碎机,最大给料粒度达 800~1000 mm,是典型的粗碎机。而联邦德国生产的 WMS 型辊式破碎机,则是用于细碎和粗磨的粉碎机。

齿面和带沟槽辊式破碎机一般用于粗碎或中碎软质和中硬物料。光面辊式破碎机用于细碎或粗磨坚硬或特硬物料。

辊式破碎机的破碎产品中,过粉碎粒级较少,是一个重要的优点。在选择破碎机类型时,除了比较各种破碎机的生产量、功率消耗、工作可靠性、机器重量和尺寸等技术特征外,过粉碎较少往往是选定辊式破碎机的一个重要因素。

单辊破碎机除压力和劈碎外,利用剪切力进行破碎工作,对破碎某些物料(例如海绵钛或焦炭)很有效。而且齿牙的形状和布置变化方案很多,以适应物料特性和产品粒度的要求。

5-40 影响辊式破碎机生产能力的主要参数有哪些?

影响辊式破碎机生产能力的主要参数有:啮角、给矿粒度、辊子转速。

(1)啮角。以双辊式(光面)碎矿机为例。假设破碎物料块为球形,从破碎物料块与辊子的接触点分别引切线,两条切线形成的夹角称为辊式碎矿机的啮角(图5-24)。

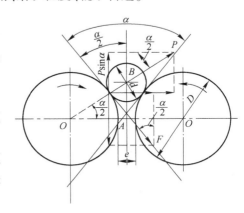

两个辊子产生的正压力 P 和摩擦力 $F(F = fP)$ 都作用在物料块上。图5-24中标出来自左方辊子的力。

如将力 P 和 F 分别分解为水平分力和垂直分力,由图可以看出,只有在下列条件下,物料块才能被两个辊子卷入破碎腔:

$$2P\sin\frac{\alpha}{2} \leqslant 2fP\cos\frac{\alpha}{2}$$

图5-24 双辊式碎矿机的啮角

因为,摩擦系数是摩擦角的正切,所以

$$\tan\frac{\alpha}{2} \leqslant f \text{ 或 } \alpha \leqslant 2\phi \qquad (5-21)$$

由此可知,最大啮角应小于或等于摩擦角的两倍。

当辊式碎矿机破碎有用矿物时,一般取摩擦系数 $f = 0.30 \sim 0.35$;或摩擦角 $\phi = 16°50' \sim 19°20'$,则碎矿机最大啮角 $\alpha \leqslant 33°40' \sim 38°40'$。

(2)给矿粒度和转子直径。仍以双辊式(光面)碎矿机为例。当排矿口宽度 e 一定时,啮角的大小决定于辊子直径 D 和给矿粒度 d 的比值。当料块可能被带入破碎腔时,辊子直径和给矿粒度间存在如下的关系:

$$D \geqslant 20d \qquad (5-22)$$

由此可见,光面辊式碎矿机的辊子直径应当等于最大给矿粒度的20倍左右,也就是说,这种双辊式碎矿机只能作为矿石的中碎和细碎。

对于潮湿黏性物料,$f = 0.45$,则:

$$D \geqslant 10d$$

但是,齿形(槽形)辊式碎矿机的 D/d 比值较光面碎矿机要小,齿形的 $D/d = 2 \sim 6$,槽形的 $D/d = 10 \sim 12$。所以,齿形辊式碎矿机可以对石灰石或煤进行粗碎。

(3)辊子转速。碎矿机合适的转速与辊子表面特征、物料的坚硬性和给矿粒度等因素有关。一般的说,给矿粒度愈大,矿石愈硬,则辊子的转速应当愈低。槽形(齿形)辊式碎矿机的转速应低于光面辊式碎矿机。

碎矿机的生产能力与辊子的转速成正比地增加。为此,近年来趋向选用较高转速的碎矿机。然而,转速的增加是有限度的。转速太快,摩擦力随之减小,若转速超过某一极限值时,摩擦力不足以使矿石进入破碎腔,而形成"迟滞"现象,不仅动力消耗剧增,而且生产能力显著降低,同时,辊皮磨损严重。所以,碎矿机的转速应有一个合适的数值。辊子最合适的转速,一般都是根据实验来确定的。通常,光面辊子的圆周速度 $v = 2 \sim 7.7$ m/s,不应大于 11.5 m/s;齿形辊子的圆周速度 $v = 1.5 \sim 1.9$ m/s,不得大于 7.5 m/s。

破碎中硬矿石时,光面辊式碎矿机的辊子圆周速度可由下式计算:

$$v = \frac{1.27\sqrt{D}}{\sqrt[4]{\left(\frac{D+d}{D+e}\right)^2 - 1}} \tag{5-23}$$

式中　v——辊子圆周速度,m/s;

　　　D——辊子直径,m;

　　　d——给矿粒度,m;

　　　e——排矿口宽度,m。

5-41　怎样计算辊式破碎机的生产能力?

双辊式碎矿机的理论生产能力与工作时两辊子的间距 e、辊子圆周速度 v 以及辊子规格等因素有关。假设在辊子全长上均匀地排满矿石,而且碎矿机的给矿和排矿都是连续进行的。当速度为 v 时,则理论上物料落下的体积为:

$$Q_v = eLv$$

式中　Q_v——落下的体积,m³/s。

而物料落下的速度与辊子圆周速度的关系为:$v = \dfrac{\pi Dn}{60}$,其中 n 为辊子每分钟的转数,因此

$$Q_v = \frac{eL\pi Dn}{60} \times 3600\mu = 188.4eLDn\mu \tag{5-24}$$

或　　　　　　　　　　$Q = 188.4eLDn\mu\delta \tag{5-25}$

式中　Q_v——落下的体积,m³/h;

　　　Q——落下的质量,t/h;

　　　e——工作时的排矿口宽度,m;

　　　L——辊子长度,m;

　　　D——辊子直径,m;

　　　n——辊子转数,r/min;

　　　μ——物料的松散系数,中硬矿石,$\mu = 0.20 \sim 0.30$;潮湿矿石和黏性矿石,$\mu = 0.40 \sim 0.60$;

　　　δ——物料的容重,t/m³。

当双辊式碎矿机破碎坚硬矿石时,由于压碎力的影响,两辊子间隙(排矿口宽度)有时略有增大,实际上可将公式(5-25)增大 25%,作为破碎坚硬矿石时的生产能力的近似公式,即:

$$Q = 235eLDn\mu\delta \tag{5-26}$$

式中符号的意义和单位同上。

5-42 辊式破碎机在工作时应注意哪些事项？

辊式碎矿机的正常运转,在许多方面决定于辊皮的磨损程度。只有当辊皮处于良好状态下,才能获得较高的生产能力和排出合格的产品粒度。因此,应当了解辊皮磨损的影响因素和使用操作中应注意的问题;定期检查辊皮磨损情况,及时进行修理和更换。

在破碎矿石时,辊皮是逐渐磨损的。影响辊皮磨损的主要因素是:待处理矿石的硬度、辊皮材料的强度、辊子的表面形状和规格尺寸以及操作条件、给矿方式和给矿粒度等。

辊皮的使用期限和辊子工作的工艺指标,取决于矿石(物料)沿着辊子整个长度分布的均匀程度。物料分布如果不均匀,辊皮不但很快磨损,而且辊子表面会出现环状沟槽,从而破碎产品粒度不均匀。因此,除粗碎的单辊碎矿机外,所有的辊式碎矿机全都设有给矿机,给矿机的长度应与辊子的长度相等,以保证沿着辊子长度而均匀给矿。同时,为了连续地给入矿石,给矿机的转动速度应比辊子的转速要快,大约要快1~3倍。在碎矿机的运转中,还要注意给矿块度的大小,给矿块度过大,将产生剧烈的冲击,辊皮磨损严重,粗碎时尤为显著。

为了消除辊皮磨损不均匀的现象,在碎矿机运转时,应当经常注意破碎产品粒度,而且应在一定时间内将其中一个辊子沿着轴向移动一次,移动的距离约等于给矿粒径的1/3。

当需要改变破碎比而移动辊子时,必须使辊子平行移动,防止辊子歪斜,否则会导致辊皮迅速而不均匀的磨损,严重时,还会造成事故。

辊式碎矿机工作时粉尘较大,必须装设密闭的安全罩子。罩子上面应留有人孔(检查孔),以便检查机器辊子的磨损状况。

必须指出,在辊式碎矿机操作过程中,应当严格遵守安全操作规程,以防将手卷入辊子中造成人身事故。

为了保证碎矿机的正常工作,应注意机器的润滑。可采用定期注入稀油或用油杯加油的方法使滑动轴承润滑;可使用注油器(或压力注油器)注入稠油的方法使滚动轴承润滑。

5-43 齿辊式破碎机的工作原理及特点如何？

齿辊式破碎机的工作原理如图8-25所示。双齿辊破碎机由两个相对回转的齿辊组成;单齿辊破碎机由一个旋转的齿辊和一个弧形破碎板组成。齿辊转动时辊面上的齿牙可将煤块咬住并加以劈碎。给料由上部给入,破碎后的产物随着齿辊的转动从下部排出。

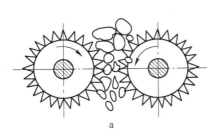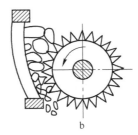

a   b

图5-25 齿辊式破碎机的工作原理

a—双齿辊破碎机;b—单齿辊破碎机

齿辊式破碎机的特点是能耗小,产品多呈立方形,过粉碎程度低,在选煤厂多用于大块原煤破碎,也可用于中煤的破碎。由于破碎坚硬物料时易损坏辊齿,因而不适于破碎含坚硬矸石较多的原煤。单齿辊破碎机的辊齿比双齿辊破碎机的给料粒度大,适用于粗碎;双齿辊破碎机生产能力较高,常用于中碎。

选煤厂常常采用齿辊式破碎机,它以劈裂破碎为主兼有挤压折断破碎。

5-44 液压辊式破碎机的工作原理如何?

这种双辊破碎机的活动辊的轴承是由一套液压装置支承的,如图 5-26 所示。液压装置除起保险装置和排料口宽度调节装置的作用外,它还有一套"补偿油缸",当活动辊移动时能保证活动辊与固定辊的轴线平行。

从图 5-26 可看出,固定辊和活动辊分别由两台电动机传动,活动辊的轴承由双活塞及其连杆 5 支承。蓄能器 3 中充以氮气,其压力视所需要的破碎力决定。当排料口宽度需要调小时,油泵 1 把油通过阀门 2a 排入油压缸,活塞另一侧的油通过阀门 2d 排回油箱。当排料口宽度需要调大时,油通过阀门 2c 排入油压缸,活塞另一侧的油通过阀门 2b 返回油箱。

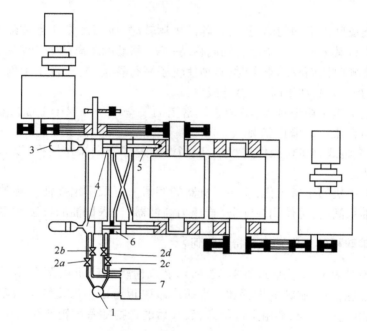

图 5-26 液压双辊破碎机

1—油泵;2a,2b,2c,2d—阀门;3—蓄能器;4—油压缸;5—活塞;6—补偿油缸;7—油箱

当非破碎物进入破碎机时,活塞受力将大于蓄能器的氮气的压力,使活动辊往左方移动。由于补偿油缸之间交叉连接,它将保证活动辊移动时,其轴线与固定辊的轴线保持平行。

5-45 什么是超细碎?

目前选矿厂中的矿料破碎均是机械破碎法破碎,而使用最为广泛的细碎设备是细碎圆锥破碎机。对中硬以上的矿石,对大中型选矿厂,细碎机几乎无选择地是采用短头圆锥碎矿机。短头圆锥碎矿机,其排矿口最小调节位只有 5 mm,虽然是闭路破碎有筛子控制破碎粒度,但循环负荷也是有限制的,因此,实际破碎结果,最终的产物粒度好一些的可达 12 ~ 15 mm,一般的则大于 15 mm。当然对中硬以下的脆性矿石,采用对辊破碎机可以达到 5 mm,采用反击式破碎机及锤式破碎机可使碎矿粒度达 5 ~ 10 mm,但这些毕竟是一些特殊的情况。一般情况下,目前的细碎水平也就只能达 12 ~ 15 mm。当然,对于非金属矿物的粉碎加工中,或者对粉碎量不太大及硬度不高的矿料粉碎,还有一些专用的细碎设备可以得到粒度更细的产品。而对于吨位巨大的中硬以上矿石的细碎,选矿厂中的常用细碎圆锥碎矿机也就能得到 12 ~ 15 mm 的细碎产品,而把细碎粒度低于 12 mm 的细碎机称为超细碎机。所谓超细碎,就是产品细度小于目前常规细碎机的产品细度,下面,将介绍几种国外研制及应用的超细碎机。

5-46　常见的超细碎破碎机有哪些?

(1)旋盘式破碎机。为了增大细碎圆锥破碎机的破碎比,试图在磨矿作业前能较为经济地获得 -6 mm 的细碎产品。从 1960 年起美国 Nordberg 公司就开始研究一种压力式破碎机,称为旋回盘式破碎机(称旋盘式破碎机)。其实质是一种改进了破碎腔形式的圆锥破碎机。

旋盘式破碎机从外形看和普通的 Symons 型圆锥破碎机很相似。图 5-27 为该机的剖视图,图 5-28 为该机破碎腔剖视图。

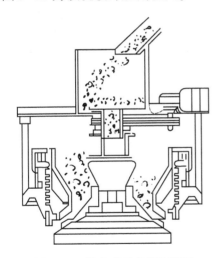

图 5-27　旋盘式破碎机剖视图

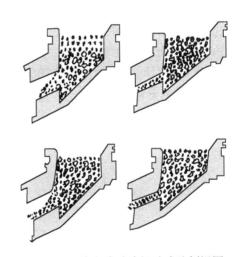

图 5-28　旋盘式破碎机破碎腔剖视图

由图 5-28 可见,破碎腔的上部形成一个圆锥形漏斗,工作室充满了待破碎的物料,形成了类似"压头"的作用,实际上是利用"层间破碎作用",从而强化了破碎作用,改善了破碎效果。美国 Nordberg 公司已生产了 36in(0.9144 m)、48in(1.2192 m)、54in(1.3716 m)、66in(1.6764 m)、84in(2.1336 m)五种规格。88in(2.2352 m)旋盘式破碎机已在工业生产中得到应用,并且效果良好。此种破碎机的主要特点是:1)增大了非控制粒度在破碎腔面积;2)平行区改变了破碎腔结构形式,平行带很短,角度很平缓;3)破碎比大,产品细而均匀,减少了磨矿设备的负荷;4)适用于细碎。该破碎机吸收了 Symons 型圆锥破碎机和冲击作用原理的破碎机的特点,利用多层颗粒内部研磨冲击压力作用破碎矿石。大量实践资料表明,该破碎机产品中 -6 mm 粒级含量高达 67%,看来,用它代替棒磨机是完全可行的。据美国某铁燧岩选矿厂应用旋盘式破碎机的试验表明,旋盘式破碎机最终产品为 6 mm 时,可以将该厂碎磨设备流程中的第一段棒磨机取消,改用球磨机生产,结果电耗可节省 2.04 kW·h/t。因此用旋盘式破碎机进行超细碎后,可起到多碎少磨的作用,节能效果显著。

(2)公司小偏心距超细碎机。阿里斯—查尔默斯公司近年来生产了新型液压圆锥破碎机,该机具有小的偏距和高的动锥摆动速度,并装有自动调节排矿口和功率的控制器,该机具有较大的破碎力和较高的处理能力。公司已形成了 200 型、300 型、400 型、500 型和 600 型的系列。该种新型液压超细碎机,产品细度 6 mm 可达 66%,能耗比常规细碎机低 25%,比半自磨机低 53%。安装功率上,常规细碎机比新型偏心液压超细碎机高 25%。

(3)BS$_{704}$UF 型超细碎圆锥破碎机。美国巴比特(Babbitless)公司生产了 BS$_{704}$UF 型超细碎圆锥式破碎机。这种破碎机是专为生产 0~10 mm 破碎产品而设计的,破碎机处理能力约为 50 t/h,破碎后产品中 0~3.35 mm 粒级含量为 45%,而 0~6.3 mm 粒级含量则高达 80%。

BS$_{704}$UF 型超细碎圆锥破碎机是该公司 BS$_{704}$ 系列破碎机的一种新产品,该机具有 BS$_{704}$ 系列破碎机所有优点。

该机动锥旋回速度较高,所以处理能力高。该机采用了非常坚固的组合式机架,主轴采用高强度特殊合金钢锻制。破碎机动锥体支承在滚柱轴承上,由于不许设置冷却系统,而显著地减少动力消耗。该机最大特点不是采用伞形齿轮传动,而是由电动机通过皮带轮直接驱动偏心套,因而机械效率高。碎矿机可以在满载时启动。碎矿机可以通过主轴的液压支承装置在机器运行时自动地远距离控制排矿口的宽度。液压支承装置系统还包括了新型的 Babbitless 过载双保护装置。

6 筛分基本知识

6-1 筛分和分级的意义是什么,筛分作业有哪几类?

筛分是利用筛子把粒度范围较宽的物料按粒度分为若干个级别的作业。

分级是根据物料在介质(水或空气)中沉降速度的不同而分成不同的粒级的作业。

筛分一般用于较粗的物料,即大于 0.25 mm 的物料。较细的物料,即小于 0.2 mm 的物料多用分级。但是近几年来,国内外正在应用细筛对磨矿产品进行分级,这种分级效率一般都比较高。

根据筛分的目的不同,筛分作业可以分为以下五类:

(1)独立筛分。其目的是得到适合于用户要求的最终产品。例如,在黑色冶金工业中,常把含铁较高的富铁矿筛分成不同的粒级,合格的大块铁矿石进入高炉冶炼,粉矿则经团矿或烧结块入炉。

(2)辅助筛分。这种筛分主要用在选矿厂的破碎作业中,对破碎作业起辅助作用。一般又有预先筛分和检查筛分之别。预先筛分是指矿石进入破碎机前进行的筛分,用筛子从矿石中分出对于该破碎机而言已经是合格的部分,如粗碎机前安装的格条筛筛分,其筛下产品。这样就可以减少进入破碎机的矿石量,可提高破碎机的产量。

检查筛分是指矿石经过破碎之后进行的筛分,其目的是保证最终的碎矿产品符合磨矿作业的粒度要求,使不合格的碎矿产品返回破碎作业,如中、细碎机前的筛分,既起到预先筛分,又起到检查筛分的作业。所以检查筛分可以改善破碎设备的利用情况,相似于分级机和磨矿机构成闭路循环工作,以提高磨矿效率。

(3)准备筛分。其目的是为下一作业做准备。如重选厂在跳汰前要把物料进行筛分分级,把粗、中、细不同的产物进行分级跳汰。

(4)选择筛分。如果物料中有用成分在各个粒级的分布差别很大,则可以经筛分分级得到质量不同的粒级,把低质量的粒级筛除,从而相应提高了物料的品位,有时又把这种筛分叫筛选。

(5)脱水筛分。筛分的目的是脱除物料的水分,一般在洗煤厂比较常见。

6-2 筛分作用有哪些?

筛分作用概括起来有分级、脱水、脱泥和脱介。分级是最为常用的筛分作用,筛分是按几何粒度进行分级的,筛分一般用于粗颗粒的分级,不用作细粒物料的分级,细粒物料通常用水力分级。

6-3 什么是"易筛粒",什么是"难筛粒"?

物料粒度小于筛孔 3/4 的颗粒,很容易通过粗粒物料形成的间隙,到达筛面,到筛面后它就很快透过筛孔。这种颗粒称为"易筛粒"。

物料粒度大于筛孔 3/4 的颗粒,通过粗粒组成的间隙比较困难,这种颗粒的直径愈接近筛孔尺寸,它透过筛孔的困难程度就愈大,因此,这种颗粒称为"难筛粒"。

6-4　什么是粒度,什么是粒级,什么是网目?

所谓粒度,就是颗粒(矿块)大小的量度,它表明物料粉碎的程度,一般用 mm 或 μm 表示。在实际工作中,粒度通常借用"直径"一词来表示,记为 d。每一块矿石的形状都是不规则的,为了便于表示它的大小,习惯上用平均直径。单个矿块的平均直径,就是在三个互相垂直方向上量得的尺寸的平均值。

设平均直径为 d,则

$$d = \frac{a + b + c}{3} \tag{6-1}$$

式中　a——矿块长度,最长的量度;

　　　b——矿块宽度,次长的量度;

　　　c——矿块厚度,最短的量度。

这种测定方法,常用来测定大矿块,如选矿厂用来测定碎矿机的给矿和排矿中的最大块的粒度。在显微镜下测定微细粒子的平均直径,原则上也可用这种方法。

粒级就是用某种分级方法(如筛分)将粒度范围较宽的碎散物料粒群分成粒度范围较窄的若干个级别,这些级别就称为粒级。为了表示物料粒度的组成情况,常以若干个级别(或称粒级)所占的百分数来表示。例如某种物料中 3 ~ 1 mm 粒级占 10% ,即这一级别范围的物料最大粒度为 3 mm,最小为 1 mm。这一级别范围的物料最大粒度为 3 mm,最小为 1 mm。这一粒级物料的含量占整个物料的 10% 。

网目是表示标准筛的筛孔尺寸的大小。在泰勒标准筛中,所谓网目就是 2.54 cm(1 in)长度中的正方形筛孔数目,并简称"目"。例如,200 目的筛子,是指这种筛子每 2.54 cm 长度的筛网有 200 个筛孔,其筛孔尺寸为 0.074 mm(网目越少,筛孔尺寸越大)。细度为 -200 目占 70% ,即表示小于 0.074 mm 的粒级含量占 70% 。

6-5　怎样表示物料的粒级?

大批松散矿料,如果用 n 层筛面把它们分成 $n + 1$ 个粒度级别,确定每一级别矿粒的尺寸,通常以矿粒能透过的最小正方形筛孔边长作为该级别的粒度。如筛孔边长为 b,则:

$$d = b \tag{6-2}$$

如透过上层筛的筛孔宽为 b_1,而留在下一层筛面上的筛孔宽为 b_2,粒度级别按以下表示:

$$-b_1 + b_2 \quad 或 \quad -d_1 + d_2$$
$$b_1 \sim b_2 \quad 或 \quad d_1 \sim d_2$$

6-6　什么是粒度分析,粒度分析的方法有几种?

所谓粒度分析,就是确定物料粒度组成的实验。目前,在实际工作中常常采用的粒度分析方法主要有筛分分析法、水力沉降分析法和显微镜分析法。

（1）筛分分析法。筛分分析法就是利用筛孔大小不同的一套筛子对物料进行粒度分析的方法。n 层筛子可把物料分成 $n+1$ 个粒级,如筛孔宽度为 b,则 $d=b$。当上层筛孔宽为 b_1,下层筛孔宽为 b_2 时,则两层筛子之间的这一粒级的粒度就可表示为 $-b_1+b_2$ 或 $b_1\sim b_2$。筛分分析适用的物料粒度范围为 $100\sim0.043$ mm,其中粒度大于 0.1 mm 的物料多采用干筛,而粒度在 0.1 mm 以下的物料则常采用湿筛。这种粒度分析方法的优点是设备简单、操作容易。其缺点是颗粒形状对分析结果的影响较大。

（2）水力沉降分析法。水力沉降分析法就是利用不同尺寸的颗粒在水中沉降速度的不同将物料分成若干粒度级别的分析方法。它不同于筛析法,因为水力沉降分析法测得的结果是具有相同沉降速度的颗粒的当量直径,而筛分分析法测得的是颗粒的实际尺寸。此外,这种分析方法的测定结果既受颗粒形状的影响,又受颗粒密度的影响。因此,当分析的物料中包含有不同密度的颗粒时,通过水析所得到的各个粒级中都将包含有高密度的小颗粒和低密度的大颗粒;当分析的物料中包含有密度相同而形状不同的颗粒时,通过水析所得到的各个粒级中又将包含有形状规则的小粒和形状不规则的大颗粒。水析法适合用来对粒度范围在 $1\sim75$ μm 的物料进行粒度分析。

（3）显微镜分析法。显微镜分析法就是在显微镜下对颗粒的尺寸和形状直接进行观测的一种粒度分析方法。这种分析方法常用来检查分选作业的产品或校正用水析法所得到的分析结果,以及研究矿石的结构构造。它主要用于分析微细物料,显微镜分析法的最佳测定粒度范围为 $0.25\sim50$ μm。

6-7　什么是筛序,什么是筛比,什么是基筛?

筛序:将标准筛按筛孔由大到小从上到下排列起来,这时各个筛子所处的层位次序叫筛序。使用标准筛时,决不可错叠筛序,以免造成试验结果混乱。

筛比:在叠好的筛序中,每两个相邻的筛子的筛孔尺寸之比叫筛比。

基筛:有些标准筛有一个作为基准的筛子叫基筛。

6-8　什么是筛析,怎样根据物料的粒度特性进行筛析?

确定松散物料粒度组成的筛分工作称为筛分分析,简称筛析。

粒度大于 6 mm 物料的筛析属于粗粒物料的筛析,采用钢板冲孔或铁丝网制成的手筛来进行。其方法是用一套筛孔大小不同的筛子进行筛分,将矿石分成若干粒级,然后分别称量各粒级重量。如果原矿含泥、含水较高,大量的矿泥和细粒矿石黏附在大块矿石上面,则应将它们清洗下来,以免影响筛析的精确性。

粒度范围为 6 mm 至 0.038 mm 的物料的筛析,用实验室标准套筛进行。如果对筛析的精确度要求不甚严格,通常直接进行干法筛析即可。但如果试样含水、含泥较多,物料互相黏结时,应采用干湿联合筛析法,筛析所得到的结果才比较精确。

6-9　什么是干法筛析,什么是干湿联合筛析?

干法筛析是先将标准筛按顺序套好,把样品倒入最上层筛面上,盖好上盖,放到振筛机上筛分 $10\sim30$ min。然后依次将每层筛子取下,用手在橡皮布上筛分,如果 1 min 内所得筛下物料量小于筛上物料量的 1%,则认为已达到终点,否则筛分就应该继续进行,直到符合上述要求为止。干筛完成后,将筛得的各个粒级分别检测出质量。

干湿联合筛析法是先将试样倒入细孔筛(如 200 目的筛子)中,在盛水的盆内进行筛分,每隔 1 ~ 2 min,将盆内的水更换一次,直到盆内的水不再混浊为止。将筛上物料进行干燥和称重,并根据称出重量和原样品重量之差,推算洗出的细泥重量。然后再将干燥后的筛上物料用干法筛析,此时所得最低层筛面的筛下物料量应与湿筛时洗出的细泥量合在一起计算。筛析结束后,将各粒级物料用工业天平(精确度 0.01 g)称重,各粒级总重量与原样品重量之差不得超过原样品重量的 1%,否则应重做。

6-10 什么是粒度分析曲线,如何绘制?

按物料筛析结果绘制出的曲线,叫粒度分析曲线。它直观地反映出被筛析物料中的任何一个粒级的产率与粒级之间的关系。

根据用途的不同,粒度分析曲线有各种不同的绘制方法,一般是以产率为纵坐标,粒度为横坐标。根据各个级别的产率绘制的曲线,称为部分粒度分析曲线;根据累积产率绘制的曲线,称为累积粒度分析曲线。

7 筛分理论及工艺

7-1 松散物料的筛分过程由几个阶段组成,怎样实现松散物料的筛分?

松散物料的筛分过程,可以看作由两个阶段组成:

(1) 易于穿过筛孔的颗粒通过不能穿过筛孔的颗粒所组成的物料层到达筛面。

(2) 易于穿过筛孔的颗粒透过筛孔。

要使这两个阶段能够实现,物料在筛面上应具有适当的运动,一方面使筛面上的物料层处于松散状态,物料层将会产生析离(按粒度分层),大颗粒位于上层,小颗粒位于下层,容易到达筛面,并透过筛孔。另一方面,物料和筛子的运动都促使堵在筛孔上的颗粒脱离筛面,有利于颗粒透过筛孔。

7-2 影响筛分概率的因素有哪些,怎样计算颗粒透过筛面的概率?

矿粒通过筛孔的可能性称为筛分概率,一般来说,矿粒通过筛孔的概率受到下列因素影响:(1) 筛孔大小;(2) 矿粒与筛孔的相对大小;(3) 筛子的有效面积;(4) 矿粒运动方向与筛面所成的角度;(5) 矿料的含水量和含泥量。

颗粒透过筛面的概率用下面的公式计算:

$$p = \frac{(L-d)^2}{(L+a)^2} = \frac{L^2}{(L+a)^2}\left(1 - \frac{d}{L}\right)^2 \tag{7-1}$$

式中 p——颗粒透过筛面的概率;

a——筛丝直径;

L——方形筛孔的边长。

上式说明,筛孔尺寸愈大,筛丝和颗粒直径愈小,则颗粒透过筛孔的可能性愈大。

7-3 什么叫筛分效率,怎样计算物料的筛分效率?

所谓筛分效率,是指实际得到的筛下产物质量与入筛物料中所含粒度小于筛孔尺寸的物料的质量之比,筛分效率用百分数或小数表示,即:

$$E = \frac{C}{Q \cdot \frac{\alpha}{100}} \times 100\% = \frac{C}{Q\alpha} \times 10^4\% \tag{7-2}$$

式中 E——筛分效率,%;

C——筛下产品质量;

Q——入筛原物料质量;

α——入筛原物料中小于筛孔的级别的百分数,%。

式(7-2)是筛分效率的定义式,但实际生产中要测定 C 和 Q 是比较困难的,因此,改用下面推导出的计算式来进行计算。

筛网未磨损时的筛分效率用式(7-3)计算:

$$E = \frac{C}{Q\alpha} \times 10^4\% = \frac{\alpha - \theta}{\alpha(100 - \theta)} \times 10^4\% \tag{7-3}$$

式中　　θ——筛上产物中所含小于筛孔尺寸粒级的百分比,%。

式(7-3)是指筛下产物中不含有大于筛孔尺寸的颗粒的条件下列出的物料平衡方程式,公式中的 α、θ 必须用百分数的分子代入。

由于实际生产中,筛网常常被磨损,部分大于筛孔尺寸的颗粒总会或多或少地透过筛孔进入筛下产物,如果考虑这种情况,筛分效率应按式(7-4)计算:

$$E = \frac{\beta(\alpha - \theta)}{\alpha(\beta - \theta)} \times 100\% \tag{7-4}$$

式中　　β——筛下产物中所含小于筛孔级别的百分比,%。

7-4　如何测定筛分效率?

筛分效率的测定方法如下:在入筛的物料流中和筛上物料流中每隔 15～20 min 取一次样,应连续取样 2～4 h,将取得的平均试样在检查筛里筛分,检查筛的筛孔与生产上用的筛子的筛孔相同。分别求出原料和筛上产品中小于筛孔尺寸的级别的百分含量 α 和 θ,代入公式(7-3)中可求出筛分效率。如果没有与所测定的筛子的筛孔尺寸相等的检查筛子时,可以用套筛作筛分分析,将其结果绘成筛析曲线,然后由筛析曲线图中求出该级别的百分含量 α 和 θ。

7-5　影响筛分效率的因素有哪些?

影响筛分效率的因素有入筛原料性质及筛子性能的影响。

入筛原料性质包括含水率、含泥量、粒度特性和密度特性对筛分效率的影响。

筛子性能的影响包括筛面运动形式、筛面结构参数及操作因素的影响。

7-6　筛面运动方式对筛分过程有什么影响?

筛面运动形式关系到筛上物料层的松散度及需要透筛的细物料相对筛面运动的速度、方向及频率等,因而对分层、透筛过程均有影响。例如,物料在固定筛上的运动,全靠物料在其本身重力的作用下滑移流动,筛分效果较差;在振动筛上,物料的运动能量主要来自筛面的振动,料层不断地充分松散,颗粒相对筛面不断地剧烈冲撞,筛分效果较好;转筒筛运动平缓,料层松散度不够,粗、细颗粒经常混杂,使分层不连续,物料相对筛面的运动速度较小,加上矿粒离心力的作用,筛孔容易堵塞;摇动筛上的物料主要是沿筛面方向滑动,在筛面法向的速度分量较小,不利于细粒透筛。

7-7　筛面结构参数对筛分效率有什么影响?

筛面结构参数对筛分效率的影响主要是筛面宽度与长度、筛面倾角以及筛孔的大小、形状及开孔率的影响。

（1）筛面宽度与长度。一般情况下,筛面宽度决定筛子的处理能力,筛面越宽,处理能力就越大;筛面长度决定筛子的筛分效率,筛面越长,效率就越高。对于振动筛,增加宽度常受到筛框结构强度的限制。通常,宽度越大,筛框的寿命就越短。目前,我国筛宽一般在2.5 m以内,而有的国家筛宽达5.5 m。

筛面长度达到一定尺寸后,筛分效率提高很小,甚至不再提高,若再增加筛面长度只会增加筛子的体积和重量。筛子的处理能力和筛分效率,是两个相依相存的指标,必须同时兼顾才具有实际意义。一般是在确定筛宽后,再根据长宽比确定筛长。我国矿用振动筛的长宽比多采用2,煤用振动筛的长宽比为2.5。

（2）筛面倾角。筛面倾角对筛分粒度有影响,倾角大,落下的粒度减小,倾角小,落下的粒度加大。为便于排出筛上物,筛面有时倾斜安装。倾角的大小与筛子的生产率和筛分效率有密切的关系,这是因为倾角大,料层在筛面上向前运动的速度就快,生产率就大,但物料在筛面上停留的时间缩短,减少了颗粒透筛机会,降低了筛分效率。

（3）筛孔的大小、形状及开孔率。筛孔越大,单位筛面积的处理能力就越高,筛分效率也越高。筛孔的大小主要取决于筛分的目的和要求。对于粒度较大的常规筛分,一般是令筛孔尺寸等于筛分粒度;但是当要求的筛分粒度较小时,筛孔应该比筛分粒度稍大些;对于近似筛分,筛孔要比筛分粒度大很多。

常见的筛孔形状有圆形、方形和长方形三种,依次以直径、边长和短边长来表示筛孔的尺寸。当三种筛子具有相同的筛孔尺寸时,筛下产物的粒度上限却不相同。筛下产物的最大粒度按下式计算:

$$d_{\max} = kL \tag{7-5}$$

式中　$d_{\max}$——筛下产物最大粒度;

　　　L——筛孔尺寸;

　　　k——系数,见表7-1。

表7-1　不同形状的筛孔对筛分粒度的影响

筛孔形状	圆　形	方　形	长方形
k 值	0.7	0.9	1.2 ~ 1.7

圆形和方形筛孔所得到的筛下物的形状较为规则,而片状和条状的颗粒则容易从长方形筛孔中漏下,因此,长方形筛孔一般制作得较小。但是,在筛分潮湿、黏性的物料时,若把长方形筛孔的长边(通常称为筛缝)顺着筛上物料的移动方向布置,就可减少对筛上物料的阻碍,从而减少堵塞。在一般情况下,筛孔尺寸越大,筛面开孔率就越高。在筛孔尺寸一定时,开孔率越大对筛分越有利,但开孔率常受到筛面强度、使用寿命的限制。

7-8　入筛原料性质对筛分效率有什么影响?

入筛原料性质包括含水率、含泥量、粒度特性及密度特性对筛分效率的影响。

（1）含水率。物料的含水率又称湿度或水分。附着在物料颗粒表面的外在水分,对物料筛分有很大影响;物料裂缝中的水分以及与物质化合的水分,对筛分过程则没有影响。例如:筛分某些烟煤时,如水分达到6%,筛分过程实际上就难以进行了,因为煤的水分基本上是覆盖在表面上的;但是,孔隙很多的褐煤的水分虽然达到45%,筛分过程仍然能够正常地进行。

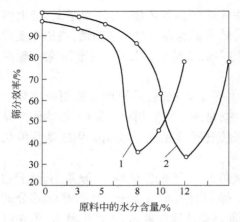

图7-1　筛分效率与物料湿度的关系
1—吸湿性弱的物料;2—吸湿性强的物料

水分对某种物料的筛分过程的具体影响,只能根据试验结果判断。筛分效率与物料湿度的关系见图7-1。图中,两种物料所受的影响是不同的,产生差别的原因可以由这两种物料具有不同的吸湿性能来解释。

试验表明,有时候把表面活性物质加到含水物料中,可以提高物料的活动性和分散性,改善筛分条件。用不能被水润湿的材料制成的筛面,也能改善筛子的工作效率。

（2）含泥量。如果物料含有易结团的混合物（如黏土等）,即使在水分含量很少时,筛分也可能发生困难。因为黏土物料在筛分中会黏结成团,使细泥混入筛上产物中;除此以外,黏土也很容易堵塞筛孔。

黏土质物料和黏性物料,只能在某些特殊情况下用筛孔较大的筛面进行筛分。筛网黏住矿石时,必须采用特殊的措施。这些措施包括:湿法筛分（即向沿筛面运动的物料上喷水）;筛分前预先脱泥;对筛分原料进行烘干。用电热筛面筛分潮湿且有黏性的矿石,能得到很好的效果。

在湿法筛分中,筛子的生产能力比干法筛分时高几倍;提高的倍数与筛孔尺寸有关。湿法筛分所消耗的水量,取决于应该排到筛下产物中的黏土混合物、细泥和尘粒的性质与数量,一般情况下,每1 m³原料耗水1.5 m³左右。如果工艺过程的条件容许进行湿法筛分,从生产厂房的防尘条件来看,湿筛比干筛更易于被人采用。在许多场合下,特别是筛分含砂较多的矿石时,为了减少尘埃飞扬,改善厂房卫生条件,通常使矿石保持一定的水分(4% ~6%)。

（3）粒度特性。影响筛分过程的粒度特性主要是指原料中含有对筛分过程有特定意义的各种粒级物料的含量。表7-2列出了物料的粒度特性对筛分过程的影响。

表7-2　物料的粒度特性对筛分过程的影响

粒级名称及粒度范围			对筛分过程的影响
原料($d_1 \sim d_2$)	能筛粒级 ($d_1 \sim L$)	易筛粒($d_1 \sim 0.75L$)	容易穿过粗粒层并接近筛面继而透过筛孔
		难筛粒($0.75L \sim L$)	难以穿过粗粒层及透过筛孔,且容易卡在筛孔内
	不能筛粒级 ($L \sim d_2$)	阻碍粒($L \sim 1.5L$)	对其他粒级尤其是难筛粒级的穿层与透筛有阻碍作用,且容易卡在筛孔内
		非阻碍粒($1.5L \sim d_2$)	对其他粒级的阻碍作用很小

注:L为筛孔尺寸;$d_1 < L < d_2$。

由表7-2中可知,原料中所含的难筛粒及阻碍粒相对其他粒级较多时,对筛分过程不利;而所含的易筛粒和非阻碍粒相对其他粒级较多时,对筛分过程有利。

影响筛分过程的粒度特性还包括颗粒的形状。对于三维尺寸都比较接近的颗粒,如球体、立方体、多面体等,筛分比较容易;而对于三维尺寸有较大差别的颗粒,如薄片体、长条体、怪异体等,在其他条件相同的情况下筛分就比较困难。

(4) 密度特性。当物料中所有颗粒都是同一密度时,一般对筛分没有影响。但是当物料中粗、细颗粒存在密度差时,情形就大不一样。若粗粒密度小,细粒密度大,则容易筛分。比如对 -50 mm 破碎级煤与 -0.074 mm(-200 网目)磨碎级铁矿粉的混合物的筛分,或从稻谷粒中筛出混入的细砂等。这是由于粗粒层的阻碍作用相对较小,而细粒级的穿层及透筛作用却比较大。相反,若粗粒密度大,细粒密度小,比如含有较多粗粒级矸石的煤,筛分就相对困难。

7-9　操作条件对筛分效率有什么影响?

对一定的筛子和筛分原料而言,操作条件主要是指给料的数量和给料方式。前者即筛子负荷,通常以 $t/($台$\cdot$h$)$ 或 $t/($m$^2\cdot$h$)$ 为单位,后者是指应保持连续和均匀地向筛子给料,其中均匀性既包括在任意瞬时的筛子负荷都应相等,也包括物料是沿整个筛面宽度上给进。此外,及时清理和维修筛面,也有利于筛分操作。

7-10　什么是级别筛分效率,什么是总筛分效率,总筛分效率的计算式是什么?

级别筛分效率就是筛下产品中某一级别颗粒的质量与入筛物料中同一级别的颗粒的质量之比。级别筛分效率用 E 表示。它的计算式与公式 $(7-4)$ $E=\dfrac{\beta(\alpha-\theta)}{\alpha(\beta-\theta)}\times100\%$ 相同,只不过此时 α、β、θ 在公式中不是表示小于筛孔尺寸粒级的百分比,而是表示要测定的那一级别的粒子的百分比。

总筛分效率等于按筛下的粒级计算的筛分效率减去筛下产物中混入的大于规定粒级的筛分效率。

总筛分效率 η_A 为:

$$\eta_A=\frac{(\alpha-\theta)}{(\beta-\theta)}\times\frac{100(\beta-\alpha)}{\alpha(100-\alpha)}\times100\%=\frac{(\alpha-\theta)(\beta-\alpha)\times100}{\alpha(\beta-\theta)(100-\alpha)}\times100\% \qquad (7-6)$$

式中　α——入料中小于筛孔级别的百分比,%;

　　　β——筛下产物中小于规定粒级的细粒百分比,%;

　　　θ——筛上产物中小于筛孔级别的百分比,%。

7-11　级别筛分效率与总筛分效率有什么关系?

级别筛分效率与总筛分效率有着密切的关系,细粒级别的级别筛分效率恒大于总筛分效率,且级别愈细,级别筛分效率愈高;"难筛颗粒"的级别筛分效率恒小于总筛分效率,且"难筛颗粒"尺寸愈接近筛孔尺寸,则其级别筛分效率愈低。

7-12　计算混合物料平均粒度的方法有几种?

计算混合物料平均粒度有下列 3 种方法:

(1) 加权算术平均法

$$D=\frac{r_1d_1+r_2d_2+\cdots+r_nd_n}{r_1+r_2+\cdots+r_n}=\frac{\sum r_id_i}{\sum r_i}=\frac{\sum r_id_i}{100} \qquad (7-7)$$

（2）加权几何平均法

$$D = (d_1^{r_1} d_2^{r_2} \cdots d_n^{r_n})^{\frac{1}{\sum r_i}}$$

取对数

$$\lg D = \frac{\sum r_i \lg d_i}{\sum r_i} = \frac{\sum r_i \lg d_i}{100} \tag{7-8}$$

（3）调和平均法

$$D = \frac{\sum r_i}{\sum \frac{r_i}{d_i}} = \frac{100}{\sum \frac{r_i}{d_i}} \tag{7-9}$$

以上三种计算方法所得的结果是：

算术平均值 > 几何平均值 > 调和平均值。

在计算混合物料的平均粒度时，混合物料筛分的级别越多，求得的平均值也就越准确，其代表性也越高。对于窄级别$\left(\frac{d_1}{d_2}\right.$大约为$\sqrt{2}$以下$\left.\right)$，可以简便地用$D = \frac{d_1 + d_2}{2}$计算。

7-13　怎样表示物料的均匀程度？

物料的均匀程度用偏差系数$K_偏$表示，偏差系数按下面公式计算：

$$K_偏 = \frac{\sigma}{D} \tag{7-10}$$

式中　D——用加权算术平均法$\left(\frac{\sum r_i d_i}{\sum r_i}\right)$求得的平均粒度；

σ——标准差，$\sigma = \sqrt{\dfrac{\sum (d_i - D)^2 r_i}{\sum r_i}}$。

通常将$K_偏 < 40\%$认为是均匀的；$K_偏 = 40\% \sim 60\%$叫做中等均匀的；$K_偏 > 60\%$为不均匀的。

7-14　怎样计算物料沉降时间？

物料沉降时间用下面的公式计算：

$$t = \frac{h}{5450(\sigma - 1)d^2} \tag{7-11}$$

式中　t——沉降时间，s；

h——沉降距离，cm；

σ——固体密度，g/cm³；

d——球形颗粒直径，cm。

7-15　什么叫"等值筛分"，它有什么意义？

筛分过程的"难筛颗粒"通过筛孔慢，细粒通过筛孔快，由于这种不平衡，就可以利用加大筛孔尺寸降低筛分效率的方法来提高筛子的生产率。例如，短头圆锥破碎机和筛子构成闭路破碎中硬矿石时，破碎机固定排矿口 10 mm，检查筛分有两种不同的工作制度：（1）筛孔为 10 mm,总筛分效率为 85% ;(2) 筛孔为 12 mm,总筛分效率为 65%。实际上这两种工作条件所得到的筛下产物有着等值的比表面,即相同的平均粒度(见表 7-3),也就是说,筛下产物对磨矿而言是"等值"的,也叫"等值筛分"。

表 7-3 在不同筛分工作制度下筛分产物的粒度特性

级别粒度/mm	级别含量/%	
	筛孔 10 mm($E=85\%$)	筛孔 12 mm($E=65\%$)
>10	0	1.0
10 ~ 2.5	60.6	58.0
2.5 ~ 0	39.4	41.0
共计	100.0	100.0
相对比表面	1.00	1.03

由表 7-3 可知,在第二种工作制度下,筛下产物中 + 10 mm 级别不多,而 2.5 ~ 0 mm 的细粒级含量却比第一种工作制度有所增加。由于提高了细粒级含量,筛下产物的平均比表面比第一种工作制度增加了 3%。

磨机的生产能力在筛子的两种工作制度下将是一样的,其至在第二种工作制度下还有增加。所以这两种工作制度下筛分产物的质量是等值的。但在第二种工作制度下,由于筛孔的加大,总筛分效率的降低,筛子的生产能力将大大提高。因此,可以减少筛子的安装台数。所以,一般检查筛分的筛孔尺寸总是比磨矿机给矿最大粒度上限大 20% ~ 30%,而将总筛分效率降至 65% ~ 60%。

7-16 筛分分析用的筛子有几种?

筛分分析用的筛子有两种:一种为非标准筛(或手筛),用来筛分粗粒物料,筛孔大小一般为 150 mm、120 mm、100 mm、80 mm、70 mm、50 mm、25 mm、15 mm、12 mm、6 mm、3 mm、2 mm、1 mm 等,根据需要确定,用在破碎各段或筛分产品的粒度分析;另一种是标准套筛,多用在磨矿产品、分级产品或选别产品的粒度分析,用来筛析 6 ~ 0.038 mm 较细物料。它是由一套相邻筛间筛孔尺寸有一定比例,孔径和筛丝直径都按统一标准制造的筛子组成。上层筛的筛孔大,下层筛子的筛孔小,另外还有一个上盖(防止试样在筛析过程中损失)和筛底(用来直接截取最底层筛子的筛下产物)。

7-17 重要的标准筛有几种?

重要的标准筛有以下几种:

(1) 泰勒标准筛。这种筛制是用筛网每 1 in(25.4 mm) 长度上所占有的正方形筛孔数目作为各个筛子号码的名称。1 in 长度中的筛孔数目称为网目,简称目,如 200 目的筛子就是指 1 in 长度的筛网上有 200 个筛孔。泰勒筛制有两个序列,一是基本序列,其筛比是 $\sqrt{2}$ = 1.414;另一个是附加序列,其筛比是 $\sqrt[4]{2}$ = 1.189。基筛为 200 目的筛子,其筛孔尺寸是 0.074 mm。

以 200 目的基筛为起点,对基本筛序来说,比 200 目粗一级的筛子的筛孔约等于 0.074

$\times \sqrt{2} = 0.104$ mm,即 150 目,更粗一级的筛子的筛孔尺寸是 $0.074 \times \sqrt{2} \times \sqrt{2} = 0.147$ mm,即 100 目,比 0.074 mm 细一级的筛孔尺寸为 $0.074/\sqrt{2} = 0.053$ mm,即 270 目。一般选矿产物的筛分分析多采用基本筛序,只在要求得到更窄的级别的产品时,才插入附加筛序(筛比 $\sqrt[4]{2}$ 的筛子)。

(2)德国标准筛。这种筛子的"目"是一厘米长的筛网上的筛孔数,或一平方厘米面积上的筛孔数。特点是筛号与筛孔尺寸(mm)的乘积约等于 6,并规定筛丝直径等于筛孔尺寸的 $\frac{2}{3}$,各层筛子的筛网有效面积(所有筛孔的面积与整个筛面面积之比,用百分率表示)等于 36%。

(3)国际标准筛。基本筛比是 $\sqrt[10]{10} = 1.259$,对于更精密的筛析,还插入附加筛比 $(\sqrt[40]{10})^6 = 1.41$ 和 $(\sqrt[40]{10})^{12} = 1.99$。

此外,还有英国 B.S 系列标准筛。

7-18 怎样确定物料的粒度组成?

通过求得各粒级的质量百分数(产率),从而确定物料的粒度组成。可以把所有筛分级别的总质量作为 100%,分别求各级别的产率及累积产率。

$$\frac{\text{某一粒级的质量}}{\text{被筛物料的总质量}} \times 100\% = \text{某粒级的产率}(\%)$$

累积产率分为筛上累积产率(又叫正累积)及筛下累积产率(又叫负累积)。筛上累积产率是大于某一筛孔的各级别产率之和,即表示大于某一筛孔的物料共占原物料的百分率。筛下累积产率是小于某一筛孔的各级别产率之和,即表示小于某一筛孔的物料共占原物料的百分率。

7-19 常用的累积粒度分析曲线有几种绘图方法?

粒度分析曲线最常用的是累积粒度分析曲线。通常有三种绘图方法,即算术坐标法、半对数坐标法和全对数坐标法。

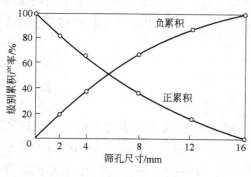

图 7-2 累积粒度分析曲线

(1)算术坐标法。算术坐标法是把粒度分析曲线绘制在普通的直角坐标系统上,图 7-2 是根据常见的筛析记录表 7-4 的资料绘制的粒度分析曲线。

如纵坐标表示大于某一筛孔尺寸的产率,则粒度特性是正累积曲线;如纵坐标表示小于某一筛孔尺寸的产率,则粒度特性为负累积曲线。这两条曲线是互相对称的,如果绘在一张图纸上,它们相互交于物料产率为 50% 的点上。在正累积粒度分析曲线上,由于大于零毫米级别的累积产率等于 100%,所以曲线与纵坐标相交于 100%。在负累积粒度分析曲线上由于小于零毫米级别的累积产率等于零,所以曲线与纵坐标交于零。

表7-4　筛分分析结果

粒级/mm	质量/kg	个别产率/%	筛上(正)累积产率/%	筛下(负)累积产率/%
-16 ~ +12	2.25	15.00	15.00	100.00
-12 ~ +8	3.00	20.00	35.00	85.00
-8 ~ +4	4.50	30.00	65.00	65.00
-4 ~ +2	2.25	15.00	80.00	35.00
-2 ~ 0	3.00	20.00	100.00	20.00
合　计	15.00	100.00		

(2)半对数坐标法。半对数坐标法是横坐标(粒级尺寸)用对数表示,纵坐标用算术坐标表示的累积粒度分析曲线的方法,曲线称半对数累积粒度分析曲线。

如果筛分分析所用的套筛的筛比相同,绘制半对数粒度分析曲线非常简单。因为在横坐标上相邻两个筛子的筛孔之间的距离都是一样的。例如筛比为$\sqrt{2}$的泰勒标准筛,各筛孔尺寸的对数差值恒等于$\lg\sqrt{2}$,即每个筛子的孔宽都成为等分的间距。

筛孔尺寸	筛孔尺寸的对数	相邻筛子筛孔尺寸的对数差
b	$\lg b$	—
$b\sqrt{2}$	$\lg b + \lg\sqrt{2}$	$(\lg b + \lg\sqrt{2}) - \lg b = \lg\sqrt{2}$
$b(\sqrt{2})^2$	$\lg b + 2\lg\sqrt{2}$	$(\lg b + 2\lg\sqrt{2}) - (\lg b + \lg\sqrt{2}) = \lg\sqrt{2}$

图7-3是根据表7-4的资料,绘制的半对数累积粒度分析曲线。在绘制这种曲线时,值得注意的是:当$d \to 0$时,$\lg d = \lg 0 = -\infty$,故曲线不能画到粒度为0之处。

(3)全对数坐标法。此法的横坐标和纵坐标都用对数表示。如图7-4就是表7-4的资料作出的全对数累积粒度分析曲线。

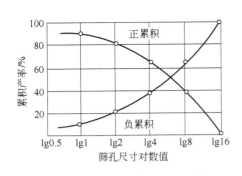

图7-3　半对数累积粒度分析曲线

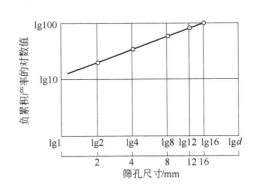

图7-4　全对数负累积粒度分析曲线

通常用碎矿和磨矿产物的筛分分析数据在全对数坐标纸上作图,它的负累积产率与粒度的关系,常常近似于直线。从图7-3中所示的情况可以求出这根曲线的斜率和截距。令这条直线的方程式为

$$\lg y = k\lg x + \lg A, \text{或 } y = Ax^k \tag{7-12}$$

在直线上取相距较远的两点$(x_1, y_1; x_2, y_2)$,斜率即为:

$$k = \frac{\lg y_1 - \lg y_2}{\lg x_1 - \lg x_2}$$

将 k 值代入方程式(7-12),然后用上面选定的一个点(例如 x_2, y_2)求截距 A 为:

$$y_2 = Ax_2^k, \quad 或 \quad A = \frac{y_2}{x_2^k}$$

使用全对数坐标绘制筛分分析曲线的目的,就在于找寻可能存在的如方程式(7-12)的规律。

7-20　用简单坐标法绘制的累积粒度分析曲线有什么用途?

用简单坐标法绘制的累积粒度分析曲线在生产考查和流程计算中得到广泛的应用。用此曲线:(1) 可以求出任意粒级的产率。即某一粒级$(-d_1 + d_2)$产率为直径 d_1 和 d_2 的纵坐标的差值。(2) 求物料中最大块的直径。我国选矿工艺中规定用物料的95%能够通过的方筛孔宽度表示该物料的最大块直径。因此,在负累积粒度分析曲线上,与纵坐标95%相对应的筛孔尺寸即最大块的直径。(3) 判别物料的粒度特性。

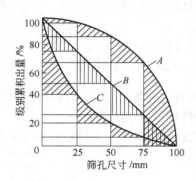

当物料中粗粒级占多数时正累积粒度分析曲线呈凸形(图7-5所示的曲线 A);当物料中的细粒级占多数时,正累积粒度分析曲线呈凹形(曲线 C);如果粒度分布是粗和细的数量大致相同,则粒度分析曲线呈直线(曲线 B)或接近于直线。

图 7-5　各种形状的累积粒度特性

用简单坐标法绘制的累积粒度分析曲线虽然广泛应用,但也有缺点。如果粒度范围很宽时,由于细粒级在横坐标上的间距特别短,点很密集,曲线难以绘制和使用。因此,必须把曲线绘在很大的图纸上,制作和使用都很不方便。如果用对数坐标来表示颗粒级别的尺寸,细级别的横坐标的间距增长,可以避免细粒级各点过分密集的缺点。

7-21　什么是粒度特性方程式,选矿中常用的粒度特性方程式是哪两个,如何表达?

碎矿和磨矿产物的筛分分析资料是一批数据,如果用数学方法整理它们,就有可能得到足以概括它们的数学式,这样得到的数学式叫做粒度特性方程式。

选矿上常用的粒度特性方程式有以下两个。

(1) A. M. 高登(Gaudin)—C. E. 安德列耶夫(Андреев)—R. 舒曼(Schuhman)粒度特性方程式。这三个人分别提出的粒度特性方程式,文献中虽冠以不同的人名,但实质上是相同的,三者的区别仅在于所用符号的意义不同。他们都用上面讲的全对数坐标绘筛分分析曲线,得到一种经验公式,此公式可写为:

$$y = 100\left(\frac{x}{K}\right)^a = 100\left(\frac{x}{x_{最大}}\right)^a \qquad (7-13)$$

式中　y——筛下产物的负累积产率,%;

K——粒度模数,即理论最大粒度($x_{最大}$),当筛孔宽(x)与它相等时,全部矿料皆进入筛下,$y = 100\%$;

a——与物料性质有关的参数,破碎产物的 a 值常介于 $0.7 \sim 1.0$ 之间。

在颚式破碎机和圆锥破碎机的破碎产物的粒度特性曲线中,从零到破碎机排矿口尺寸范围内的粒级产率都近似地与公式(7–13)符合。

R. 舒曼、R. T. 恰累斯(Charles)和 J. H. 布朗(Brown)等人,用这个粒度特性方程式和破碎所需的能量相联系,建立了能量与破碎产物粒度特性的关系的研究。例如他对磨细美洲数地产的石英的试验,在不同磨矿条件下测出所需的能量 E,并将磨矿产物的筛分分析资料按公式(4–13)整理,从而求出粒度模数 K,得到下面的关系:

$$K = AK^{-0.96} \tag{7–14}$$

式中　A——与物料性质和所用的破碎设备有关的参数。

(2) R. 罗逊(Rosin)—E. 莱蒙勒尔(Rammler)粒度特性方程式。该方程式是1934年罗逊—莱蒙勒尔用统计方法整理碎矿机和磨矿机的产品得出的。它适合于破碎的煤、细碎的矿石和磨细的矿料及水泥等。锤碎机、球磨机和分级机产物的粒度特性都常常与此规律符合。它的数学形式如下:

$$R = 100e^{-bx^n} \tag{7–15}$$

式中　R——大于 x 粒级的累积产率,%;

x——矿粒直径或筛孔宽;

b——与产物细度有关的参数;

n——与物料性质有关的参数。

罗逊—莱蒙勒尔方程式的图解方法是将方程式(7–15)连续取两次对数,变为如下形式:

$$\lg\left(\frac{100}{R}\right) = bx^n\lg e$$

$$\lg\left(\lg\frac{100}{R}\right) = n\lg x + \lg(b\lg e)$$

用 $\lg\left(\lg\frac{100}{R}\right)$ 为纵坐标,用 $\lg x$ 为横坐标,根据上式绘出一条直线,参数 n 可以从直线的斜率找出。

7–22　怎样应用 R. 罗逊(Rosin)—E. 莱蒙勒尔(Rammler)粒度特性方程式来求解磨矿产物的粒度特性方程式?

表7–5是经球磨机细磨后的石英的粒度组成示例,根据表7–5的数据绘制的这种图的示例见图7–6。横坐标($\lg x$)是对数刻度画法。它的纵坐标 $\left[\lg\left(\lg\frac{1}{R}\right)\right]$ 的刻度,用适当的尺寸乘表7–5中最后一栏的数据,即可作出。纵坐标在 $R = 10\%$ 处把它分为正的和负的两部分 $\lg\left(\lg\frac{100}{10}\right) = 0$。

表 7-5 经球磨机细磨后的石英的粒度组成示例

| x 级别/μm | $\lg x$ | 累积出量(小数) | | $\lg(1-R)$ | $\dfrac{1}{R}$ | $\lg\dfrac{1}{R}$ | $\lg\left(\lg\dfrac{1}{R}\right)$ |
		负累积 $1-R$	正累积 R				
420	2.6232	0.994	0.006	-0.00261	166.66	2.22167	0.34674
300	2.4771	0.970	0.030	-0.01323	33.33	1.52284	0.18270
210	2.3222	0.927	0.073	-0.03292	13.698	1.13762	0.5576
150	2.1761	0.834	0.166	-0.07883	6.024	0.77988	-0.10796
100	2.0000	0.704	0.296	-0.15243	3.378	0.52866	-0.27679
74	1.8692	0.566	0.434	-0.24718	2.3041	0.36248	-0.44069
52	1.7160	0.443	0.557	-0.35360	1.7953	0.25406	-0.59500
37	1.5682	0.330	0.670	-0.48149	1.4925	0.17392	-0.75970
26	1.4150	0.250	0.750	-0.60206	1.3333	0.12483	-0.90379
18	1.2553	0.180	0.820	-0.74473	1.2195	0.08618	-0.06459
13	1.1139	0.130	0.870	-0.88606	1.1494	0.06032	-1.21954
9	0.9542	0.100	0.900	-1.0000	1.1111	0.04571	-1.33999
6	0.7782	0.070	0.930	-1.15490	1.0753	0.03141	-1.50293

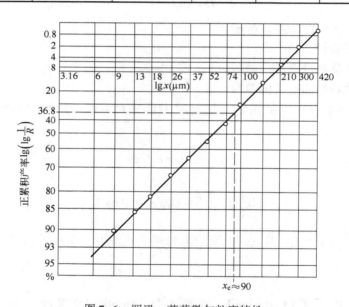

图 7-6 罗逊—莱蒙勒尔粒度特性

R. 罗逊(Rosin)—E. 莱蒙勒尔(Rammler)粒度特性方程式 $R = 100\mathrm{e}^{-bx^n}$ 中参数的求解方法如下:在直线上取相距较远的两点(粒度 x_1、累积产率 R_1 和粒度 x_2、累积产率 R_2),列出联立方程式:

$$\begin{cases} R_1 = 100\mathrm{e}^{-bx_1^n} \\ R_2 = 100\mathrm{e}^{-bx_2^n} \end{cases}$$

解联立方程式,求出 n:

$$n = \frac{\lg\left\{\lg\frac{100}{R_1}\right\} - \lg\left\{\lg\frac{100}{R_2}\right\}}{\lg x_1 - \lg x_2} \tag{7-16}$$

由已知点 R_1、x_1 的数值可以求出 b：

$$R_1 = 100\mathrm{e}^{-bx_1^n}, \quad R_1 = \frac{100}{\mathrm{e}^{bx_1^n}}$$

$$bx_1^n\lg\mathrm{e} = \lg\frac{100}{R_1}$$

$$b = \frac{\lg\frac{100}{R_1}}{x_1^n\lg\mathrm{e}} \tag{7-17}$$

用此办法，可以找出图 7-6 中的直线的方程式为：

$$R = 100\mathrm{e}^{-bx^n} = 100\mathrm{e}^{-0.0099x^{1.0286}}$$

7-23　粒度特性方程式有什么用途？

粒度特性方程式能够概括复杂的筛分分析数据，可用它计算表面积、颗粒数、平均粒度、某一粒级的筛分效率等。近年来，用它碎矿和磨矿的功耗相联系，成为研究这些生产过程的重要手段。

7-24　筛分动力学研究的内容是什么，在物料的筛分过程中存在什么规律？

筛分动力学主要研究筛分过程中筛分效率与筛分时间的关系。

在筛分物料的筛分过程中，不论什么场合，都存在一种普遍规律，这种规律表现在：筛分开始时，在较短时间内，"易筛粒"很快透过筛孔，筛分效率增加很快，随后的一段时间内，筛上物料中的"难筛粒"比例增加，筛分效率降低；过了一定时间以后，"易筛粒"和"难筛粒"的比例达到平衡，筛分效率大致保持不变。

7-25　筛分时间与筛分效率有什么关系，对于振动筛，m 取值为多少？什么叫物料的可筛性指标？

筛分时间与筛分效率之间的关系可以用下面的公式表述：

$$E = \frac{t^m}{t^m + a} \tag{7-18}$$

式中　E——筛分效率；

　　　　t——筛分时间；

　　　　m——直线的斜率（将筛分效率与筛分时间的试验资料 $\lg t$，$\lg\frac{1-E}{E}$ 绘在对数坐标纸

　　　　　　上得到的直线斜率）；

　　　　a——物料的可筛性指标。

公式中的参数 m 及 a 与物料性质及筛分进行情况有关，对于振动筛，m 可取 3，由公式 (7-18) 可导出 $a = \frac{1-E}{E}$，若 $E = 50\%$ 时，$a = t_{50}^m$，所以参数 a 是筛分效率为 50% 时筛分时间

的 m 次方。因此参数 a 可以看作是物料的可筛性指标。

7-26 怎样用理论来解释筛分时间与筛分效率的关系?

筛分时间与筛分效率之间的关系 $E = \dfrac{t^m}{t^m + a}$，可以用下面的理论来解释。

令 W 为某一瞬间存在于筛面上的比筛孔小的矿粒的重量，$\dfrac{\mathrm{d}W}{\mathrm{d}t}$ 为比筛孔小的矿粒被筛去的速率（t 是筛分时间），因为每一瞬间的筛分速率可假设为与该瞬间留在筛面上的比筛孔小的矿粒的重量成正比，即

$$\frac{\mathrm{d}W}{\mathrm{d}t} = -kW \tag{7-19}$$

式中，k 为比例系数，负号表示 W 随时间的增加而减少，积分上式得

$$\ln W = -kt + C$$

设 W_0 是给矿中所含比筛孔小的矿粒的重量，当 $t = 0$ 时，$W = W_0$，即

$$\ln W_0 = C$$

因此

$$\ln W - \ln W_0 = -kt$$

或

$$\frac{W}{W_0} = \mathrm{e}^{-kt}$$

比值 $\dfrac{W}{W_0}$ 是筛下级别在筛上产物中的回收率，因此筛分效率 E 应当为

$$E = 1 - \frac{W}{W_0}$$

或

$$E = 1 - \mathrm{e}^{-kt} \tag{7-20}$$

更符合实际的公式为

$$E = 1 - \mathrm{e}^{-kt^n} \quad 或 \quad 1 - E = \mathrm{e}^{-kt^n} \tag{7-21}$$

将公式（7-21）取两次对数，可得

$$\lg\left\{\lg\frac{1}{1-E}\right\} = n\lg t + \lg(k\lg \mathrm{e})$$

若以纵坐标轴表示 $\lg\left\{\lg\dfrac{1}{1-E}\right\}$，横坐标轴表示 $\lg t$，用公式（7-21）作出的图形是一条直线，直线的斜率为 n。

把式（7-21）改写为

$$E = 1 - \frac{1}{\mathrm{e}^{kt^n}}$$

将 e^{kt^n} 分解为级数

$$\mathrm{e}^{kt^n} = 1 + kt^n + \frac{(kt^n)^2}{2} + \cdots\cdots$$

取级数的前两项代入公式（7-21），得到

$$E = 1 - \frac{1}{1 + kt^n} = \frac{kt^n}{1 + kt^n} \tag{7-22}$$

公式(7-22)是式(7-21)的近似式,如果令 $k = \frac{1}{a}$,则

$$E = \frac{t^n}{a + t^n}$$

所以公式(7-22)与公式(7-18)相同。

参数 k 和 n,既决定于被筛物料的性质,也决定于筛分的工作条件。如果设 $k = \frac{1}{t^n}$,则公式(7-21)为 $E = 1 - \frac{1}{e} = 1 - \frac{1}{2.71} = 63.4\%$,对公式(7-22),$E = \frac{1}{2} = 50\%$,因此叫参数 k 为物料的可筛性指标。

设筛面长度为 L,因为 $t \infty L$,故公式(7-22)可表示为

$$E = \frac{K'L^n}{1 + K'L^n} \tag{7-23}$$

同样公式(7-21)可表示为

$$1 - E = e^{-K'L^n} \tag{7-24}$$

7-27 怎样利用筛分动力学公式研究筛子的负荷与筛分效率的相互关系?

如果筛孔尺寸和物料沿筛面运动的速度一定,筛面上的物料层厚度取决于筛子的给料量。给料量愈多,物料层厚度就愈大,筛分效率则愈低。因为小于筛孔的级别比较难于通过较厚的物料层而透筛。给料量很大时,为了达到相同的筛分效率,必须增加筛分时间。因此,可以近似地认为,筛分效率不变时,筛子的生产率与筛分时间成反比,即

$$\frac{Q_1}{Q_2} = \frac{t_2}{t_1} \tag{7-25}$$

式中 Q_1, Q_2——筛子的生产率;

t_1, t_2——达到规定筛分效率所需要的筛分时间。

由公式(7-18)可知

$$t^m = \frac{aE}{1 - E} \quad 或 \quad t = \sqrt[m]{\frac{aE}{1 - E}}$$

当筛分时间相同,而给矿量为 Q_1 及 Q_2,相应的筛分效率为 E_1 及 E_2,代入公式(7-25)得

$$\frac{Q_1}{Q_2} = \frac{\sqrt[m]{\dfrac{aE_2}{1 - E_2}}}{\sqrt[m]{\dfrac{aE_1}{1 - E_1}}}$$

$$\frac{Q_1}{Q_2} = \sqrt[m]{\frac{E_2(1 - E_1)}{E_1(1 - E_2)}} \tag{7-26}$$

这个公式表达出筛子的生产率和筛分效率的关系。

应用这个公式时,要先知道 m 值。如果收集到一些生产率和相应的筛分效率的试验数据,就可以找到它。振动筛可以取 $m = 3$,按照公式(7-26)计算的结果列于表7-6中,表中取筛分效率为90%时的相对生产率是1,并列出试验平均值。可以看出按公式(7-26)的计

算结果与试验值基本相近。

表7-6 振动筛的筛分效率与生产率的关系

筛分效率/%		40	50	60	70	80	90	92	94	96	98
生产率/t·h⁻¹	试验平均值①	2.3	2.1	1.9	1.6	1.3	1.0	0.9	0.8	0.6	0.4
	$m=3$ 时,按式(7-26)的计算值	2.36	2.09	1.82	1.57	1.31	1.00	0.92	0.83	0.72	0.585

① 目前在选矿厂设计中,振动筛生产率的计算采用表中的试验平均值。

7-28 怎样利用筛分动力学公式研究筛分效率与筛面长度的关系?

在选矿厂中,有时需要提高筛子的筛分效率和处理能力,为缩小碎矿产物粒度和增加碎矿机生产能力创造条件,措施之一就是在配置条件允许的情况下增加筛子的长度,筛分动力学为这种措施提供了理论依据。

令 t_1、L_1 和 E_1 为第一种情况下的筛分时间、筛面长度和筛分效率;t_2、L_2 和 E_2 为第二种情况下的筛分时间、筛面长度和筛分效率。因为筛分时间与筛面长度成正比,故公式(7-23)可以写为

$$L_1^n = \frac{E_1}{K'(1-E_1)} \quad 及 \quad L_2^n = \frac{E_2}{K'(1-E_2)}$$

从而

$$\left(\frac{L_1}{L_2}\right)^n = \frac{E_1}{1-E_1} \times \frac{1-E_2}{E_2} \tag{7-27}$$

或

$$E_2 = \frac{L_2^n E_1}{L_1^n - L_1^n E_1 + L_2^n E_1}$$

对于振动筛,n 值为3。

8 筛分机械

8-1 选矿厂常用的筛分机械有哪些,各适用于什么粒度范围的筛分?

筛分机械的分类方法较多,可按运动轨迹、传动方式分类,也可按其用途分类。按其结构、工作原理和用途,大体上分为表 8-1 所列几类。

表 8-1 筛分机的分类

筛分机类型	运动轨迹	最大给料粒度/mm	筛孔尺寸/mm	用途
固定格筛	静止	1000	25~300	预先筛分
圆筒筛	圆筒按一定方向旋转	300	6~50	矿石分级、脱泥
滚轴筛	筛轴按一定方向旋转	200	25~50	预先分级、大块矿物筛分脱介
摇动筛	近似直线	50	13~50 0.5	分级、脱水、脱泥等
圆振动筛	圆、椭圆	400	6~100	分级
直线振动筛	直线、准直线	300	3~80 0.5~13	分级、脱水、脱介
共振筛	直线	300	0.5~80	分级、脱水、脱介
概率筛	直线、圆、椭圆	100	15~60	矿物分级
等厚筛	直线、圆	300	25~40 6~25	矿物分级
高频振动筛	直线、圆、椭圆	2	0.1~1 (20~50目)	细粒物料分级、回收
电磁振动筛	直线			细粒物料分级

8-2 什么是固定筛,固定筛有几种,各适用于哪些场合?

固定筛是由平行排列的钢条或钢棒组成,钢条和钢棒称为格条,格条借横杆联结在一起。

固定筛有两种:格筛和条筛。

格筛安在粗矿仓顶部,以保证粗碎机的入料粒度要求,筛上大块需要用手锤或其他方法破碎,以使其能够过筛。一般为水平安装。

条筛主要用于粗碎和中碎前作预先筛分,一般为倾斜安装,倾角的大小应能使物料沿筛面自动地滑下,即筛条倾角应大于物料对筛面的摩擦角。一般条筛倾角为 40°~50°,对于大块矿石,倾角可小些,对于黏性矿石,倾角应稍大些。

8-3　怎样确定条筛的大小?

条筛筛孔尺寸约为筛下粒度的 1.1 ~ 1.2 倍,一般筛孔尺寸不小于 50 mm。条筛的宽度决定于给矿机、运输机以及破碎机给矿口的宽度,并应大于给矿中最大块粒级的 2.5 倍。条筛的长度 L 应根据宽度 B 选择,一般

$$L \approx 2B$$

8-4　如何计算条筛的生产率,条筛在生产应用中有哪些优缺点?

条筛的生产率用下式计算:

$$Q = qS$$

式中　　S——筛面面积,m^2;

　　　　q——单位面积生产率,$t/m^2 \cdot h$。

表 8-2 为单位面积生产率数值。

表 8-2　单位筛分面积的生产率 q 值

筛孔尺寸/mm	20	25	30	40	50	75	100	150	200
$q/t \cdot m^{-2} \cdot h^{-1}$	24	27	30	34	38	40	40	40	40

条筛的优点是构造简单,无运动部件,也不需要动力;缺点是易堵塞,所需高差大,筛分效率低,一般为 50% ~ 60% 。

8-5　振动筛分几类,振动筛在选厂的应用中有哪些优点?

振动筛根据筛框的运动轨迹不同,可以分为圆运动振动筛和直线运动振动筛两类。圆运动振动筛包括单轴惯性振动筛、自定中心振动筛和重型振动筛。直线运动振动筛包括双轴惯性振动筛(直线振动筛)和共振筛。

振动筛是选矿厂中普遍采用的一种筛子,它具有以下突出的优点:

(1) 筛体以低振幅、高振动次数作强烈振动,消除了物料的堵塞现象,使筛子有较高的筛分效率和生产能力;

(2) 动力消耗小,构造简单,操作、维护检修比较方便;

(3) 因为振动筛生产率和效率很高,故所需的筛网面积比其他筛子小,可以节省厂房面积和高度;

(4) 应用范围广,适用于中、细碎前的预先筛分和检查筛分。

8-6　振动筛的筛面运动形式有几种,不同筛面运动形式的振动筛其性能如何?

在振动筛中,筛面的运动形式有圆振动、直线振动和椭圆振动几种。其中圆振动形式能使物料充分松散,抗堵孔能力强,但筛上物料的抛射角大,输送能力小。为提高输送能力,不得不加大筛面倾角,这使得筛分粒度不太严格,料层呈加速度输送,减少了接近筛孔尺寸的颗粒在筛面排料端透筛的机会。直线振动形式不能使物料充分松散和重新排列,故细粒物料不易接近筛面而透筛,已经堵塞筛孔的颗粒不易抛出,使筛分过程恶化。但筛上物料的抛

射角小,输送能力较大,筛面一般呈水平或接近水平安装,筛分粒度严格,料层呈匀速输送,有利于接近筛孔尺寸的颗粒透筛。椭圆振动形式的"轨迹长轴"是强化筛上物料输送的分量,"轨迹短轴"是促进物料松散的分量,因而兼有圆振动和直线振动的优点,并克服二者的缺点,故筛分质量较高。

8-7 惯性振动筛的工作原理是怎样的?

国产振动筛有 SZ(坐式)型和 SXG(悬挂式)型等型号。

图 8-1 为 SZ 型惯性振动筛的工作原理示意图。筛网 2 固定在筛箱 1 上,筛箱安装在两组椭圆形板簧 8 上,板簧组底座固定在基础上。振动器的两个滚动轴承 5 固定在筛箱上,振动器主轴的两端装有偏心轮 6。调节重块 7 在偏重轮上的位置不同,可以得到不同的惯性力,从而调整筛子的振幅。安装在固定机座上的电动机,通过三角皮带轮 3 带动主轴旋转,使筛子产生振动。筛子中部的运动轨迹为圆形,筛子两端运动轨迹因板簧作用而成椭圆形。根据生产量和筛分效率不同的要求,筛子可安装在 15°~25°倾斜的基础上。

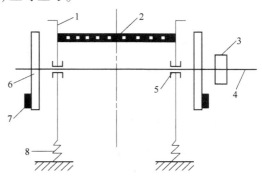

图 8-1 惯性振动筛工作原理示意图
1—筛箱;2—筛网;3—皮带轮;4—主轴;
5—轴承;6—偏心轮;7—重块;8—板簧

惯性振动筛是由于振动器的偏心重轮的回转运动产生的离心惯性力(称为激振力)传给筛箱而激起筛子振动的。筛上物料受筛面向上运动的作用力,被向前抛起,前进一段距离后再落回筛面,进而完成松散、分层和透筛的整个筛分过程。

SZ 型惯性振动筛可用于选煤厂、焦化厂和选矿厂对煤、焦炭、矿石的筛分,入筛物料的最大粒度为 100 mm。

SXG 型惯性振动筛与 SZ 型振动筛的主要区别在于此筛的筛箱是用弹簧悬挂装置吊起。电动机经三角皮带,带动振动器主轴回转,由于振动器上不平衡重量的离心力的作用,使筛子产生圆运动。此筛适用于煤和矿石的筛分。

8-8 惯性振动筛的受力情况如何?

惯性振动筛的受力情况如图 8-2 所示,当主轴以一定的转速 n(r/min)转动时,偏心重块的向心加速度:

$$a_n = R\omega^2$$

式中 R——偏心重块重心的回转半径,m;

ω——偏心重块的角速度,$\omega = \dfrac{\pi n}{30}$,rad/s。

所以,作用在筛箱上的离心力 F 为:

$$F = ma_n = \frac{q}{g}R\omega^2 \tag{8-1}$$

式中 m——偏心重块的质量,kg;

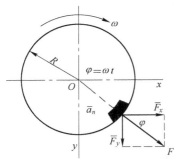

图 8-2 惯性振动筛受力分析图

q——偏心重块的重力，N；

g——重力加速度，$9.8~\mathrm{m/s^2}$。

这个离心力 F 称为激振力，其方向随偏心重块所在位置的变化而改变，指向永远背离转动中心。在任意瞬时 t，F 与 x 轴的夹角 $\varphi=\omega t$，则力 F 在 x 和 y 轴方向的分力为：

$$F_x = F\cos\varphi = \frac{q}{g}R\omega^2\cos\omega t \tag{8-2}$$

$$F_y = F\sin\varphi = \frac{q}{g}R\omega^2\sin\omega t \tag{8-3}$$

这两个分力，一个是垂直于筛面，也就是沿弹簧轴线的方向；另一个分力与筛面平行。第一个分力使支承筛箱的弹簧压缩和拉长，第二个分力使弹簧作横向变形，由于弹簧的横向刚度较大，因此筛箱的运动轨迹为椭圆或近似于圆。

8-9　为什么振动筛的转速要选择在远离共振区？

一般振动筛的转速是选择在远离共振区，即工作转数比共振转数大几倍。因为在远离共振区工作，振幅比较平稳，弹簧的刚度可以较小。这样，既可以减少弹簧数量，节约材料使机器轻便，而且由于弹簧刚度小，传给地基的动载荷小，机器的隔振效果好。但是，必须注意，选择在远离共振区工作的振动筛，当启动和停车时，筛子的转速由慢到快，或由快到慢，都会经过共振区，短时地引起系统的共振，这时，筛箱的振幅很大，在操作过程中常可以见到。因此，出现了为克服共振可自动移动偏心重块位置的激振器，如后面所介绍的重型振动筛就是采用这种结构的筛子。

8-10　惯性振动筛的性能与用途是什么？

惯性振动筛的振动器安在筛箱上，轴承中心线与皮带轮中心线一致，随着筛箱的上下振动，从而引起皮带轮振动，这种振动会传给电机，影响电机的使用寿命，因此这种筛子的振幅不宜太大。此外，由于惯性振动筛振动次数高，使用过程中必须十分注意它的工作情况，特别是轴承的工作情况。

惯性振动筛由于振幅小而振动次数高。适用于筛分中、细粒物料，并且要求在给料均匀的条件下工作。因为当负荷加大时，筛子的振幅减小，容易发生筛孔堵塞现象；反之，当负荷过小时，筛子的振幅加大，物料粒子会过快地跳跃越过筛面，这两种情况都会导致筛分效率降低。由于筛分粗粒物料需要较大的振幅，才能把物料抖动，并由于筛分粗粒物料时，很难做到给料均匀，故惯性振动筛只适宜于筛分中、细粒物料，它的给料粒度一般不能超过100毫米，同时，筛子不宜制造得太大，只有中、小型选矿厂才宜采用。

8-11　自定中心振动筛有哪些规格，适用于什么场合？

国产自定中心振动筛的型号为 SZZ，按筛面面积有各种规格，每种规格筛子又分为单层筛网（SZZ_1）与双层筛网（SZZ_2）两种。一般均系吊式筛，但也有座式筛。

自定中心振动筛可供冶金、化工、建材、煤炭等工业部门作中、细粒物料的筛分之用。

8-12   自定中心振动筛的构造是怎样的?

　　自定中心振动筛的结构如图8-3所示,与惯性振动筛相比较,不同的只是传动轴4与皮带轮2相联结时,在皮带轮上所开的轴孔的中心与皮带轮几何中心不同心,而是向偏心重块3所在位置的对方,偏离皮带轮几何中心一个偏心距 A。A 为振动筛的振幅。因此,当偏心重块3在下方时,筛箱1及传动轴4的中心线在振动中心线 $O—O$ 之上,距离为 A。同样由于轴孔在皮带轮上是偏心的,因此,仍然使得皮带轮2之中心与振动中心线 $O—O$ 相重合。所以不管筛箱1和轴4在运动中处于任何位置,皮带轮2之中心 O 总是保持与振动中心线相重合,因而空间位置不变,即实现皮带轮自定中心。大小两皮带轮的中心距保持不变,消除皮带时紧时松现象。

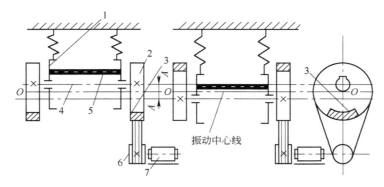

图 8-3　皮带轮偏心式自定中心振动筛示意图
1—筛箱;2—皮带轮;3—偏心重块;4—传动轴;5—筛网;6—皮带轮;7—电动机

8-13   自定中心振动筛的性能与用途是什么?

　　自定中心振动筛的优点是在电机的稳定方面有很大的改善,所以筛子的振幅可以比惯性振动筛的稍大一些。筛分效率较高,一般可以达到80%以上。但是,在操作中,也和惯性振动筛一样,表现极为明显的是筛子的振幅变化无常。当筛子负荷过大时,它的振幅很小,不能把筛网上的矿石全部抖动起来,因而筛分效率显著下降。当筛子负荷很小时,它的振幅就特别增大,矿石抖动得太厉害,很快就跳离筛面,筛分时间短,筛分效率也就降低。因此,使用这种筛子时,给矿量也不宜波动太大。由于这一缺点,这种结构形式的自定中心振动筛,也只适宜于均匀给矿的中、细粒物料的筛分。

8-14   重型振动筛的性能是什么,其工作原理如何?

　　国产重型振动筛(图8-4)的型号为 SZX 型,有单层筛和双层筛两种(SZX_1 和 SZX_2 型)。这种振动筛结构比较坚固,能承受较大的冲击负荷,适用于筛分大块度、比重大的物料,最大入筛粒度可达350 mm。由于它的结构重、振幅大,双振幅一般 8~10 mm,而一般自定中心振动筛为 4~8 mm。在启动及停车时,共振现象更为严重,因此采用具有自动平衡的振动器,可以起到减振的作用。

　　重型振动筛的原理与自定中心振动筛相似,但是振动器的主轴完全不偏心,而以皮带轮中的自动调整器来达到运转时自定中心的目的。振动器的结构如图 8-5 所示。装有偏心重块的重锤 1 由卡板 2 支承在弹簧 3 上,重锤可以在小轴 4 上自由转动,因此振动器的重块是可以自动调整的。这种结构的特点是,筛子在低于共振转速时,筛子不发生振动;当超过临界转速时,筛子开始振动。筛子在启动(或停车)时,主轴的转速较低,重锤所产生的离心力也很小(因离心力随转速而变)。由于弹簧的作用,重锤的离心力不足以使弹簧 3 受到压缩,重锤对回转中心不发生偏离,因此产生的激振力很小,这时筛子不产生振动,可以平稳地克服共振转速。当筛子在启动和停车过程中达到共振转速时,可以避免由于振幅急剧增加而损坏支承弹簧。筛子启动后,转速高于共振转速,重锤产生的离心力大于弹簧的作用力,弹簧被压缩,重锤开始偏离回转中心,产生激振力,使筛子振动起来,这时撞铁对冲击力起缓冲作用。

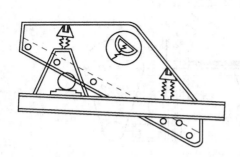

图 8-4　重型振动筛示意图

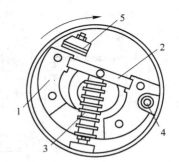

图 8-5　重型振动筛的自动调整振动器
1—重锤;2—卡板;3—弹簧;4—小轴;5—撞铁

　　筛子的振幅靠增、减重锤上偏心重块的重量来调节;振动次数可以用更换小皮带轮的方法来改变。

　　重型振动筛的筛面是由框架及箅条焊接而成,一个筛子由 20 块筛面组成。为了克服因来料中大块物料过多而影响筛分效率,筛面上可焊接上高箅条,箅条沿筛面长度方向呈阶梯状排列,有利于筛上物料沿运动方向排料,不致阻塞筛孔。

　　重型振动筛主要用于中碎机前的预先筛分,可代替筛分效率低、易阻塞的棒条筛;对于含水、含泥量高的矿石,可用于中碎前的预先筛分及洗矿,其筛上物给入中碎机,筛下物进入洗矿脱泥系统。

8-15　直线振动筛的工作原理及性能如何?

　　筛框作直线振动的筛子很多,这里讲的是双轴惯性振动筛(直线振动筛),它的结构示意图及双轴振动器的工作原理如图 8-6 所示。

　　这种筛子的两根轴是反向旋转的,主轴和从动轴上安有相同偏心距的重块。当激振器工作时,两个轴上的偏心重块相位角一致,产生的离心惯性力的 x 方向分力促使筛子沿 x 方向振动,y 方向的离心惯性力则大小相等,方向相反,相互抵消。因此,筛子只在 x 方向振动,称为直线振动筛。振动方向角通常选择 45°,筛上物料的排除主要靠振动方向角的作用,所以筛子通常水平安装或呈 5°~10°安装。

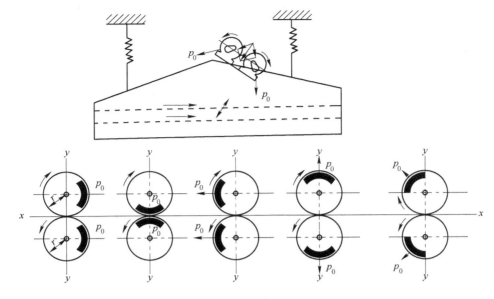

图 8-6 直线振动筛及双轴振动器的工作原理图

两个偏心重块,可以用一对齿轮的传动来实现反相等速同步运行,这样的振动筛称为强迫同步的直线振动筛。但是,在两个偏心重块之间,也可以没有任何联系,依靠力学原理,实现同步运行,这样的振动筛称为无强迫联系的自同步直线振动筛。

目前我国常用的直线振动筛有 ZS 型,ZSM 型,ZKX 型,ZKB 型,ZKR 型和 ZK 型等数种型式。

直线振动筛激振力大,振幅大,振动强烈,筛分效率高,生产率大,可以筛分粗块物料。由于筛面水平安装,脱水、脱泥、脱介质的效率相当高。但它的激振器复杂,两根轴高速旋转,故制造精度和润滑要求高。

8-16 共振筛的工作原理及性能如何?

共振筛(也叫弹性连杆式振动筛),是用连杆上装有弹簧的曲柄连杆机构驱动,使筛子在接近共振状态下工作,达到筛分的目的。图 8-7 是共振筛的原理示意图,此筛主要由上筛箱 1、下机体(即平衡机体)2、传动装置 3、共振弹簧 4、板簧 5、支承弹簧 6 等部件组成。当电动机通过皮带传动装于下机体上的偏心轴转动时,轴上的偏心使连杆作往复运动。连杆通过其端部的弹簧将作用力传给筛箱,同时下机体也受到相反方向的作用力,使筛箱和下机体沿着倾斜方向振动,但它们运动方向彼此相反。筛箱和弹簧装置形成一个弹性系统,这弹性系统有自己的自振频率,传动装置也有一定的强迫振动频率,当这两个频率接近相等时,使筛子在接近共振状态下工作。

当共振筛的筛箱压缩弹簧而运动时,其运动速度和动能都逐渐减少,被压缩的弹簧所储的位能却逐渐增加。当筛箱的运动速度和动能等于零时,弹簧被压缩到极限,它所储的位能达到最大值,接着筛箱向相反的方向运动,弹簧放出所储的位能,转化成筛箱的动能,因而筛箱的运动速度增加。当筛箱的运动速度和动能达到最大值时,弹簧伸长到极限,所储的位能也就最小。由此可见,共振筛的工作过程是系统的位能和动能相互转化的过程。所以在每一次振动中,只消耗供给克服阻力所需的能量就可以使筛子连续运转,因此筛子虽大但功率消耗却很小。

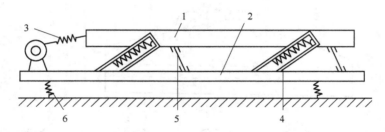

图 8-7　共振筛的原理示意图
1—上筛箱;2—下机体;3—传动装置;4—共振弹簧;5—板簧;6—支承弹簧

共振筛是一种在接近共振状态下进行工作的筛子。它具有处理能力大,筛分效率高,振幅大,电耗小以及结构紧凑等优点。共振筛目前尚存在一些缺点:制造工艺比较复杂、机器重量大、振幅很难稳定、调整比较复杂、橡胶弹簧容易老化及使用寿命短。

这种筛子常用于选煤和金属选矿厂的洗矿分级、脱水、脱介等作业。我国选煤厂已经广泛应用,此外,有少数选矿厂也开始应用。

8-17　除固定筛和振动筛外,还有哪些筛子,各适用于什么场合?

(1) 细筛。细筛一般指筛孔尺寸小于 0.4 mm、用于筛分 0.2～0.045 mm 以下物料的筛分设备。当物料中的欲回收成分在细级别中大量富集时,细筛常用作选择筛分设备,以得到高品位的筛下物。据报道,我国目前生产的铁精矿有 50% 以上是细筛产出的筛下产物。

(2) 概率筛。概率筛的筛分过程是按照概率理论进行的,由于这种筛分机是瑞典人摩根森(F. Mogensen)于 20 世纪 50 年代首先研制成功的,所以又叫做摩根森筛。我国研制的概率筛于 1977 年问世,目前在工业生产中得到广泛应用的有自同步式概率筛和惯性共振式概率筛 2 种。

概率筛的突出优点是:1) 处理能力大,单位筛面面积的生产能力可达一般振动筛的 5 倍以上;2) 筛孔不容易被堵塞,由于采用了较大的筛孔尺寸和筛面倾角,物料透筛能力强,不容易堵塞筛孔;3) 结构简单,使用维护方便,筛面使用寿命长,生产费用低。

(3) 等厚筛。等厚筛是一种采用大厚度筛分法的筛分机械,在其工作过程中,筛面上的物料层厚度一般为筛孔尺寸的 6～10 倍。普通等厚筛具有 3 段倾角不同的冲孔金属板筛面,给料段一般长 3 m,倾角为 34°,中段长 0.75 m,倾角为 12°,排料段长 4.5 m,倾角为 0°。筛分机宽 2.2 m,总长度达 10.45 m。

等厚筛的突出优点是生产能力大、筛分效率高,但机器庞大、笨重。为了克服这些缺点,人们将概率筛和等厚筛的工作原理结合在一起,研制成功了一种采用概率分层的等厚筛,称为概率分层等厚筛。概率分层等厚筛既具有概率筛的优良性能,又具有等厚筛的优点,而且明显地缩短了机器的长度。

(4) 胡基筛。胡基筛的原理是兼用水力分级和筛分的作用。该筛分机主要由一个敞开的倒锥体组成,顶部为圆筒筛,给矿由顶部中央进入,利用一个装有径向清扫叶片的低速旋转圆盘使矿浆以环形方式按一定角速度移动,给到圆筒筛上,这样筛面可以不直接负载物料而进行筛分。冲洗水引入圆锥体部分,使物料进一步产生分级作用,粗粒沉落到锥体底部,通过控制阀排料。粗粒部分沉降时所夹带下来的细粒,依靠向上冲洗水送回旋转圆盘顶部进行循环处理。筛面由合金、塑料楔棒构成,棒间向外扩展的长条筛孔与水平成直角,筛子有效面积为5%~8%。据胡基推荐,可采用这种筛分机械从旋流器底流中分离细粒级。例如一种小型试验设备,当长筛孔尺寸为500 μm,筛面为0.24 m²时,每小时可以处理旋流器沉砂13.2 t,细粒级回收率达87%,1975年在芬兰奥托昆普公司装了一台直径1.6 m的工业型胡基筛,生产率约100~200 t/h。

(5)沃利斯超声波筛分机。沃利斯筛分机的原理是利用低振幅、高频率的筛分运动,使小于筛孔级别的颗粒与筛面接触的机会增多,从而使它通过筛孔的可能性增大,有利于改善筛分效率。

8–18 怎样计算固定筛的生产能力?

在生产实践中,固定筛的生产能力一般按下式进行计算:

$$Q = \varepsilon \cdot A \cdot s \qquad (8-4)$$

式中 Q——筛分机按给料计的生产能力,t/h;

A——筛分机的筛面面积,m²;

s——筛孔尺寸,mm;

ε——比生产率,即筛孔尺寸为1 mm时单位筛面面积的生产率,t/(mm·h·m²);对于不同类型的筛分机,ε的数值可从表8-3和表8-4中选取。

表8–3 固定格筛和条筛的比生产率

筛孔尺寸/mm	10	12.5	20	30	40	50	75	100	150	200
比生产率 ε /t·mm^{-1}·h^{-1}·m^{-2}	1.4	1.35	1.2	1.0	0.85	0.75	0.53	0.40	0.26	0.2

表8–4 滚轴筛的比生产率

筛孔尺寸/mm	50	75	100	125
比生产率 ε/t·mm^{-1}·h^{-1}·m^{-2}	0.8~0.9	0.8~0.85	0.75~0.85	0.8~0.9

8–19 怎样计算振动筛的生产能力?

对于振动筛的生产能力,综合考虑影响筛分过程的各种因素,以校正系数的方式将它们引入计算公式中,从而得振动筛生产能力的计算公式为:

$$Q = A_1 \rho_0 qKLMNOP \qquad (8-5)$$

式中 Q——振动筛按给料计的生产能力,t/h;

A_1——筛分机的有效筛面面积,m²,一般取筛面几何面积的0.8~0.9倍;

ρ_0——入筛物料的堆密度,t/m³;

q——单位面积筛面的平均生产能力,m³/(m²·h),不同筛孔尺寸时的q值可以从表8-5中选取;

K——代表细粒影响的校正系数；

L——代表粗粒影响的校正系数；

M——与筛分效率有关的校正系数；

N——代表颗粒形状影响的校正系数；

O——代表湿度影响的校正系数；

P——与筛分方法有关的校正系数。

各个校正系数的数值可以从表8-6中选取。

表8-5 单位面积筛面的生产能力

筛孔尺寸/mm	0.16	0.2	0.3	0.4	0.6	0.8	1.17	2	3.15	5
$q/m^3 \cdot m^{-2} \cdot h^{-1}$	1.9	2.2	2.5	2.8	3.2	3.7	4.4	5.5	7	11
筛孔尺寸/mm	8	10	16	20	25	31.5	40	50	80	100
$q/m^3 \cdot m^{-2} \cdot h^{-1}$	17	19	25.5	28	31	34	38	42	56	63

表8-6 校正系数 K、L、M、N、O、P 的数值

给料中粒度小于筛孔尺寸之半的颗粒含量/%	0	10	20	30	40	50	60	70	80	90
K 值	0.2	0.4	0.6	0.8	1.0	1.2	1.4	1.6	1.8	2.0
给料中粒度大于筛孔尺寸的颗粒含量/%	10	20	25	30	40	50	60	70	80	90
L 值	0.94	0.97	1.0	1.03	1.09	1.18	1.32	1.55	2.0	3.36
筛分效率/%	40	50	60	70	80	90	92	94	96	98
M 值	2.3	2.1	1.9	1.6	1.3	1.0	0.9	0.8	0.6	0.4

颗粒形状	除煤以外的破碎物料		圆形颗粒(如砾石)		煤	
N 值	1.0		1.25		1.5	

物料的湿度	筛孔尺寸小于25 mm			筛孔尺寸大于25 mm	
	干的	湿的	成团	视湿度而定	
O 值	1.0	0.75~0.85	0.2~0.6	0.9~1.0	

筛分方法	筛孔尺寸小于25 mm		筛孔尺寸大于25 mm	
	干式	湿式(附有喷水)	任何情况	
P 值	1.0	1.25~1.4	1.0	

8-20 怎样计算圆振动筛的生产能力？

圆振动筛的生产能力可按下式近似计算：

$$Q = M q_0 B_0 L \delta \qquad (8-6)$$

式中　Q——按给料计算的生产能力，t/h；

M——筛分效率校正系数，见表8-7，M 也可按下式计算：

$$M = \frac{100 - \eta}{7.5} \qquad (8-7)$$

式中 η——筛分效率;

q_0——单位面积容积生产能力,$m^3/(m^2 \cdot h)$,见表8-8;

B_0——筛面计算宽度,m;

$$B_0 = 0.95B \tag{8-8}$$

B——实际筛面宽度,m;

L——筛面工作长度,m;

δ——物料的松散密度,t/m^3。

表8-7 筛分效率校正系数 M

筛分效率/%	修正系数(M)	筛分效率/%	修正系数(M)
75	3.30	92.5	1.00
80	2.67	93	0.93
85	2.00	94	0.80
88	1.60	95	0.67
89	1.47	96	0.53
90	1.33	97	0.40
91	1.20	98	0.27

表8-8 圆振动筛假定的单位面积容积生产能力(当筛分效率 η=92.5%时)

筛孔尺寸 a/mm	按给料计假定的每小时单位面积容积生产能力 $q_0/m^3 \cdot m^{-2} \cdot h^{-1}$	筛孔尺寸 a/mm	按给料计假定的每小时单位面积容积生产能力 $q_0/m^3 \cdot m^{-2} \cdot h^{-1}$
0.10	0.167	10.00	16.70
0.15	0.25	12.00	20.00
0.20	0.33	14.00	23.40
0.30	0.50	16.00	26.70
0.50	0.84	20.00	33.30
1.00	1.67	25.00	41.70
2.00	3.33	30.00	50.00
3.00	5.00	50.00	83.40
5.00	8.40	75.00	125.00
6.00	10.00	100.00	167.00
8.00	13.30		

8-21 怎样计算煤用筛分机的生产能力?

$$Q = Fq \tag{8-9}$$

式中 Q——筛分机的生产能力,t/h;

F——筛面的工作面积,m^2;

q——单位筛面面积的生产能力,$t/m^2 \cdot h$,煤炭筛分 q 的推荐值见表8-9。

表 8-9　煤炭筛分单位面积生产能力 q

筛子种类	筛分种类		筛分效率大于/%	筛孔尺寸/mm						
				100	50	25	13	6	0.5	0.25
				单位面积生产能力 q/t·m^{-2}·h^{-1}						
圆振动筛	准备筛分		70	110 ~ 130	55 ~ 65					
直线振动筛	准备筛分	干法	80		35 ~ 40	20 ~ 25	8 ~ 10			
		湿法	85				10 ~ 12	8 ~ 10		
	最终筛分	干法	85		35 ~ 40	18 ~ 22				
		湿法	85				10 ~ 12	8 ~ 10		
	脱　水	干法							7	
		湿法							2	1.5
	脱　介	块煤					10	10		
		末煤							3	
		末矸							2	

8-22　怎样估算块煤和块矸石脱介时的生产能力？

块煤和块矸石脱除磁性介质时的生产能力，根据经验数据，按下面的式子进行估算。

$$\left.\begin{array}{ll}块煤 & Q = q_k B \\ 块矸 & Q = 1.15 q_k B\end{array}\right\} \qquad (8-10)$$

式中　B——筛面宽度，m；

q_k——单位筛宽的生产能力，t/(m·h)，见表 8-10。

表 8-10　单位筛宽的生产能力 q_k

物料粒度/mm	1.7 ~ 12.7	6.4 ~ 19.1	6.4 ~ 25.4	6.4 ~ 31.8	6.4 ~ 50.8	6.4 ~ 76.2
q_k/t·m^{-1}·h^{-1}	23.9	29.9	35.8	47.8	53.6	59.5

注：本表适用于最大给料粒度为 76 mm 时的单层筛，若最大给料粒度大于 76 mm 时，则此值为上层筛面负担给料量的 35% 情况下下层筛的生产能力。

8-23　在筛子的使用过程中应注意哪些问题？

（1）启动筛分机以前的检查

筛分机的操作人员，应了解筛分机的各部结构和简单的工作原理。在开动筛分机之前，应做好开车准备，检查传动带或轮胎联轴器的情况，筛网完好情况及其他各部零件部件状况。如螺钉等连接部件是否固紧可靠；电气元件有无失效；振动器的主轴是否灵活，轴承润滑情况是否良好。

（2）筛分机的启动和停车

筛分机一般都用于破碎筛分或洗选工艺流程中，要求筛分机空载启动和停车，因此需遵守逆工艺流程启动，顺工艺流程停车。

筛分机启动时，需闭合闸刀开关，将线路接入电网，按启动按钮，应一次启动完成。

筛分机除特殊事故外,不允许带料停车,筛分机停车,按停车按钮完成。

（3）筛分机的润滑

筛分机的润滑,主要是指对振动器轴承的润滑。有些强迫同步的直线振动筛,还要对传动齿轮进行润滑。传动电动机也应按使用说明书规定,每年检修时加油脂。

振动筛的润滑分油脂润滑和稀油润滑两种。对采用油脂润滑的振动器,应使用温度范围在 $-30 \sim 120℃$ 的优质锂基润滑脂。在正常工作条件下,一般每个振动器在 24 h 内加油脂 $150 \sim 200$ g。由于振动器工作环境恶劣,也可每 8 h 加油脂 1 次。最好采用高压式黄油枪注油。

采用万向联轴器传动轴的筛子,也需对万向联轴器部分加注润滑脂。对采用稀油润滑的振动器和齿轮,可用优质齿轮油,加油量视振动器的结构而定。新安装的筛子,运行 80 h 后,要更换润滑油 1 次,以后每 300 h 更换润滑油 1 次。

在冬季和夏季,由于气温的不同,最好采用不同黏度的润滑油。

注油时,一定要对油枪嘴和注油口周围清理干净,不能让灰尘进入油腔。

（4）筛分机振动器的旋转方向

圆振动筛的振动器的旋转方向,可以顺料流方向旋转,也可逆料流方向旋转。但是,顺料流方向旋转,物料通过筛面的速度较快,因而有利于提高筛子的处理能力。逆料流方向旋转,物料通过筛面的速度较慢,物料的堵孔倾向较大。一般需要加大筛面的倾角。

自同步直线振动筛,一般两个偏心质量由两个电动机分别带动。两个电动机的特性必须相同,旋转方向必须相反。

强迫同步的直线振动筛,对旋转方向无明确规定。

筛分机振幅的调整当筛分机在操作过程中,发现其振幅的大小,不能满足筛分作业的要求时,可以对其振幅进行调整。

块偏心式振动器,可以调整主副偏心块的夹角。夹角变小,激振力变大,振幅变大;反之,夹角变大,激振力变小,振幅变小。对轴偏心式振动器,可以增减配重飞轮和带轮上的配重块,以增减振动筛的振幅。

8-24　如何对筛子进行维护?

（1）在正常运转中,应密切注意轴承的温度,一般不得超过 $40℃$,最高不得超过 $60℃$ 。

（2）运转过程中应注意筛子有无强烈噪声,筛子振动应平稳,不准有不正常的摆动现象。当筛子有摇晃现象发生时,应检查四根支承弹簧的弹性是否一致,有无折断情况。

（3）设备在运行期间,应定期检查磨损情况,如已磨损过度应立即予以更换。

（4）经常观察筛网有无松动,有无因筛网局部磨损造成漏矿;遇有上述情况,应立即停车进行修理。

（5）筛子轴承部分必须设有良好的润滑,当轴承安装良好、无发热、漏油时,可每隔一星期左右用油枪注入黄油一次,每隔两月左右,应拆开轴壳,将轴承进行清洗,重新注入洁净的黄油。

9 磨矿基本知识

9-1 什么叫单体解离度？

单体是在矿石粉碎产品中只含有一种矿物的颗粒；连生粒是两种或两种以上矿物连生在一起的颗粒。某矿物的单体解离度，就是该矿物的单体解离粒的颗粒数与含该矿物的连生粒颗粒数及该矿物的单体解离粒颗粒数之和的比值，一般用百分数表示。

$$C = \frac{A}{A+B} \times 100\% \tag{9-1}$$

式中　C——某矿物的单体解离度，%；

　　　A——该矿物的单体解离粒子个数；

　　　B——含有该矿物的连生粒子个数。

9-2 什么叫磨矿浓度，什么叫磨矿细度？

矿浆浓度是指矿浆中所含固体质量的多少，并用百分数来表示。其计算公式为：

$$C = \frac{Q_1}{Q} \times 100\% = \frac{Q_1}{Q_1 + Q_2} \times 100\% \tag{9-2}$$

式中　C——矿浆的质量百分浓度，%；

　　　Q_1——矿浆中固体的质量，kg；

　　　Q_2——矿浆中液体的质量，kg；

　　　Q——矿浆质量，kg。

矿浆浓度除了用百分浓度表示外，还常用液固比（R）来表示，即矿浆中所含液体的质量 Q_2 和矿浆中所含固体的质量 Q_1 的比值，其计算公式为：

$$R = \frac{Q_2}{Q_1} \tag{9-3}$$

液固比与百分浓度的关系为：

$$1/C = \frac{1}{\dfrac{Q_1}{Q_1 + Q_2} \times 100\%} = \frac{Q_1 + Q_2}{Q_1} = 1 + R \tag{9-4}$$

磨矿细度是用来表示磨矿产品粒度的大小。习惯上常用小于 200 目粒度的百分含量来表示。

9-3 评价磨矿过程好坏的技术经济指标有哪些？

评价磨矿作业的指标不外两大类，一类是数量指标，另一类是质量指标。

数量指标包括:(1)磨机处理量:一台磨机在一定的给矿粒度及产品粒度下每小时处理的矿量,单位为"t/(台·h)",或称磨机的台时矿量。该指标能快速直观地判明磨机工作的好坏,但必须指明给矿粒度及产品粒度,在同一个选矿厂规格相同的几台磨机的给矿粒度及产品粒度均相同,能够由磨机处理量 Q 的大小直接判明各台磨机工作的好坏。但不同选矿厂,磨机的规格可能不同,给矿粒度与产品粒度也不尽相同,仅凭处理量 Q 的大小难于判别磨机工作的好坏。(2)磨机单位容积处理量:此指标消除了磨机容积的影响,单位"t/(m³·h)",比较科学,但仍具有前面的指标的缺陷,必须指明给矿粒度及产品粒度。(3)磨机 -200 目利用系数:此指标消除了磨机容积的影响,也消除了给矿粒度及产品粒度的影响,以每小时每立方米磨机容积新生成的 -200 目吨数来评价磨机工作效果,单位 t/(m³·h)。此指标能比较科学地反映不同磨机不同给矿粒度及产品粒度下工作效果的好坏,也称单位容积生产率。

质量指标包括:(1)磨矿效率:以"t(原矿)/(kW·h)"或" -200 目 t/(kW·h)"表示能量使用效率的高低。(2)磨矿技术效率:磨矿技术效率能够从技术上评价磨矿过程的好坏,磨矿技术效率愈高愈好,磨矿技术效率愈低说明磨矿愈糟糕。(3)磨矿钢球单耗:在磨矿中,磨矿作业的费用约有 40% 消耗在钢铁消耗上,其中绝大部分为钢球消耗,故将钢球单耗列为考核选厂工作业绩的重要指标之一,单位为"kg/t"。

9-4　磨矿机生产率的表示方法有哪几种?

(1)磨矿机的台时生产能力:以单位时间(常用小时)给如磨矿机的原矿吨数来表示,同时指明原给矿及产品的粒度大小。(2)利用系数:以每 1 h 每 1 m³ 磨机新生成的 -200 目吨数来评价磨机工作效果。(3)以单位时间经过磨矿所获得的某一指定粒度级别的产品吨数来表示。(4)以单位时间磨矿机新生成的"表面—吨"来表示。

9-5　什么叫磨矿机的通过能力,如何计算?

磨矿机的通过能力是指单位时间内所能通过的总矿量,总计算方法为:

$$q = \frac{Q(1+C)}{V} \tag{9-5}$$

式中　　q——磨矿机通过能力,t/(m³·h);

Q——按原矿计磨矿机的生产率,t/h;

C——返砂比,以倍数计;

V——磨矿机的有效容积,m³。

9-6　什么叫磨矿效率,它有哪几种表示方法?

磨矿效率是指每消耗 1 kW·h 电能所能处理的矿量。它有以下几种表示方法:
(1)每消耗 1 kW·h 电所处理的原矿吨数,即 t/(kW·h)。
(2)每消耗 1 kW·h 电能所得到按指定级别(常以 -200 网目)计算磨矿产品吨数。
(3)按 $S_{表}·t/(kW·h)$ 来计算。

9-7　什么是磨矿机的利用系数,如何计算?

磨矿机的利用系数是指单位时间内每立方米磨矿机有效容积平均所能处理的原矿吨

数,在选矿厂设计中,常用单位时间单位磨矿机容积所生产 −200 目数量来表示,即:

$$q_{-200} = \frac{Q(\gamma_{产} - \gamma_{给})}{V} \times 100\% \qquad (9-6)$$

式中　　q_{-200}——磨矿机 −200 目利用系数,t/(m³·h);

　　　　Q——按原矿计磨矿机的生产率,t/h;

　　　　$\gamma_{产}$——分级机溢流中(闭路磨矿)或磨矿机排矿(开路磨矿) −200 目产率,%;

　　　　$\gamma_{给}$——给矿中 −200 目产率,%;

　　　　V——磨矿机的有效容积,m³。

　　例:某选矿厂有两台 $\phi2700$ mm ×3600 mm 的格子型球磨机。一台的作业时数为 24 h,共处理了 600 t 矿石;另一台的作业时数只有 16 h,共处理了 400 t 矿石。原矿经磨矿后合格粒度的产率为 −200 目占 70%,求这两台球磨机的平均利用系数是多少?

　　已知 $\phi2700$ mm ×3600 mm 球磨机的有效容积为 17.7 m³,

　　则两台球磨平均利用系数 $= \dfrac{600 + 400}{17.7 \times 24 + 17.7 \times 16} = 1.41$ t/(m³·h)

9-8　什么是磨矿机的技术效率,如何计算?

　　磨矿机的技术效率是指经磨碎后所得产物中合格粒级的含量百分数与给矿中原来所含大于合格粒级含量百分数之间的比(所谓合格粒级,就是其粒度上限应小于规定的最大粒度,而其粒度的下限要减去过粉碎部分)。其计算公式为:

$$E_{效} = \frac{(r - r_1) - (r_3 - r_2)\left\{1 - \dfrac{r_1 - r_2}{100 - r_2}\right\}}{100 - r_1} \times 100\% \qquad (9-7)$$

式中　　　　$E_{效}$——磨矿技术效率,%;

　　　　　　r——磨矿机排矿中小于规定的最大粒度级别的产率,%;

　　　　　　r_1——给矿中小于规定的最大粒度级别的产率,%;

　　　　　　r_2——给矿中过粉碎部分的产率,%;

　　　　　　r_3——排矿中过粉碎部分的产率,%;

　　　　$100 - r_1$——给矿中所含大于合格粒度的产率,%;

　　　　　$r - r_1$——磨矿过程中所含生成的小于规定的最大粒级的产率,%;

$(r_3 - r_2)\left\{1 - \dfrac{r_1 - r_2}{100 - r_2}\right\}$——在磨矿过程中新生成的过粉碎部分的产率,%。

　　例:某浮选厂要求磨矿机的磨矿细度为 0.15 mm(−200 网目占 70% ~80%)。经测定,磨矿机给矿中 0.15 ~0 mm 粒级产率为 10%,其中小于 5 μm(浮选时小于 5 μm 粒级为过粉碎部分)的产率为 3%,排矿产品中 0.15 ~0 mm 粒级产率为 100%,其中小于 5 μm 粒级产率为 8%,求磨矿机的技术效率是多少?

　　解:已知 $r = 100\%$,$r_1 = 10\%$,$r_2 = 3\%$,$r_3 = 8\%$。将以上数据代入上述公式中,得到磨矿机技术效率为:

$$E_{效} = \frac{(100 - 10) - (8 - 3)\left\{1 - \dfrac{10 - 3}{100 - 3}\right\}}{100 - 10} \times 100\%$$

$$= \frac{90 - 4.64}{90} \times 100\% = 94.8\%$$

9-9 影响磨矿技术效率的因素有哪些?

影响磨矿技术效率的主要因素概括起来主要有以下几个方面:

(1)矿石性质的影响。矿石的组成及物理性质对磨矿技术效率的影响很大。例如当矿石中有用矿物粒度较粗,结构松散脆软时,较易磨碎。而当有用矿物的嵌布粒度变细、结构致密以及硬度较大时,则比较难磨。一般来说,粗粒级在粗磨时较容易,产生合格粒度的速度较快,而细磨较难。因为随着粒度的减小物料的脆弱面也相应减少,即变得越来越坚固,所以产生合格粒度的速度也就较慢。因此,粗磨的磨矿技术效率比细磨的高。

(2)设备因素的影响。设备因素对磨矿技术效率有一定的影响。例如,溢流型球磨机排矿速度较慢,大密度的矿粒不易排出,容易产生过粉碎现象。另外,与磨矿机构闭路的分级机,当分级效率低时,易过粉碎,因此会降低磨矿技术效率。

(3)操作因素的影响。操作因素无疑要影响磨矿技术效率。例如,在闭路磨矿时,返砂比过大,并超过了磨矿机正常的通过能力时,在磨矿产品中会出现"跑粗"现象。而返砂比过小,或是没有返砂,则易造成过粉碎现象。又如负荷过大,则磨矿产品中"跑粗"现象严重,而负荷不足,则过粉碎严重。因此,磨矿时要求给矿均匀、稳定。给矿量时大时小都会影响磨矿技术效率的提高。

各段磨矿粒度确定得不合理,也影响磨矿技术效率的提高。

磨矿浓度对磨矿技术效率影响甚大。因为磨矿浓度直接影响磨矿时间,浓度过大,物料在磨机内流动较慢,被磨时间增长,容易过粉碎。另外,在高浓度的矿浆中粗粒不易下沉,易随矿浆流走,造成"跑粗"。矿浆浓度过稀,会使物料流动速度加快。被磨时间缩短,也会出现"跑粗",同时大密度的矿粒易沉积于矿浆底层,还会造成过粉碎现象。因此,在操作中应掌握适宜的磨矿浓度,这就要求严格控制用水量。一般来说粗磨浓度常为75%~85%,细磨浓度一般为65%~75%。

9-10 如何提高磨矿机的技术效率?

(1)采用闭路磨矿流程。合理的磨矿流程应该是矿粒一旦被磨到单体分离就应该迅速从磨矿机中排出来。这样一方面可以避免过磨,另一方面可以使磨矿介质(如钢球)完全作用于粗大矿粒上,使能量可以最大限度地做有用功。但是现有的磨矿机内要进行物料粒度分级是很困难的,为此采用分级机或细筛将磨矿产品中合格粒级分出,粗粒返回磨矿机内再磨(又称返砂)。可见在闭路磨矿时,磨矿机的给矿为新给矿加返砂,所以磨矿机通过的物料多,物料通过磨矿机的速度就加快,被磨时间短。在闭路磨矿时,要迫使不合格的粗粒反复通过磨矿机直至合格为止。其次,闭路磨矿时,由于大量的粗砂给入,使磨矿机给料中粗粒级含量增加。根据磨矿动力学的原理,这时能大限度地做有用功,所以磨矿速度加快,磨矿机生产率提高。此外,由于适量返砂的存在,使消除磨矿机新给矿的波动而产生对产品粒度的影响。

可见,闭路磨矿能有效地避免过粉碎及"跑粗"现象。它能使磨矿作业在保证合格粒度的前提下,获得均匀而偏粗的窄级别的产品,这对下一步的选别作业是有利的。

（2）采用不同的磨矿机。生产实践证明,周边排料的棒磨机能减少过粉碎。尤其对于脆性的矿物更有意义。另外,由于这些磨矿机的矿浆面浅,矿浆对磨矿介质的缓冲作用小。使磨矿介质能充分地发挥破碎作用,所以这些磨矿机的生产能力较大。

在分级设备的选择上,采用细筛与磨机闭路,或是预先分级都有一定的优越性。

（3）在磨矿机的操作上应注意以下几方面:

1）闭路磨矿时,应有适当的循环负荷;

2）磨矿机的转速应适当控制;

3）装球制度要合理,装球制度包括钢球的质量（密度、硬度、耐磨性）、钢球大小、钢球的充填率及合理补加等;

4）磨矿浓度要适宜,过高或过低都不好,实际应用中要注意水量的调节。

9-11　什么叫磨矿机的作业率,如何计算?

磨矿机的作业率又可称之为运转率,它是指磨矿机的实际作业时间占日历时间的百分数。这是反映磨矿机实际运转情况的指标。其计算方法为:

$$磨矿机作业率 = \frac{磨矿机台 \times 实际运转时数}{磨矿机台 \times 日历时数} \times 100\%$$

10   磨 矿 理 论

10-1   磨机内钢球运动状态与哪些因素有关?

磨机内钢球的运动状态受许多因素影响,最主要因素是磨机筒体的转速 n(r/min)及磨机内钢球的充填率 φ(%)。对磨机内钢球的运动状态所进行的观察试验说明:(1)当磨内装球量一定时,随着磨机转速的加快,磨机内的钢球将由泻落变抛落,甚至出现离心运转状态,说明钢球运动状态与筒体的转速密切相关。(2)当磨机转速一定时,只装一个球时只会在磨机最低位置跳动,依次增加球数时,球在最低位置排列成一条线跳动。一条线排满接着排第二排,第三排,…,达到一定装球量后,球荷在磨机内形成一斜坡,球升到坡顶时,沿坡面滚下,呈泻落式状态。随着球量的增加,球荷上升的高度增加,直到出现抛落运动状态。因此,球荷的运动状态也与球的充填率 φ(%)密切相关。(3)磨机内筒体的衬板形状 x 也影响着球的运动状态,衬板的凸棱高时,对球荷的提升力大,球被提升得高一些。平滑衬板则对球的提升作用弱。(4)磨机内只装钢球的时候,钢球之间滑动厉害,如果装进矿砂,则阻止了钢球之间的滑动。即磨机内矿浆浓度 C(%)也影响钢球的运动状态。(5)即使均是钢球,大钢球滑动厉害,小钢球滑动弱,钢球中尺寸大者居内层,尺寸小者居外层,即钢球尺寸 d 也影响钢球的运动状态。(6)磨机是干磨还是湿磨,及矿料的性质等均影响着磨机内钢球的运动状态。

10-2   钢球典型的运动状态有哪几种?

磨机内钢球的状态是一个变量状态函数,使钢球状态很难用数学方法量化确定。它的运动状态根据变量参数而变,变量参数种类数多,则钢球状态也纷繁。而且不少因素对状态的影响目前还难于用函数关系表达出来。有研究者拍摄了磨机内的球荷的运动状态,从中选出三种典型运动状态,见图10-1。

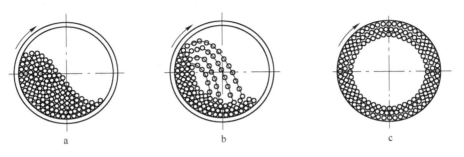

图 10-1   磨机内钢球的三种典型运动状态
a—泻落式;b—抛落式;c—离心运转

10-3　钢球各典型运动状态下的磨矿作用有哪些?

钢球作泻落运动时,球荷随筒壁一起向上运动,到一定高度后从上沿斜坡滚下。钢球随筒壁向上滚动过程中及向下滚动过程中,相互滚动过程中相互研磨,被夹于球荷之间的矿粒被研磨至细。钢球从斜坡滚落至底脚衬板处,产生一定的冲击作用,对矿粒有较强的冲击破碎作用。所以,泻落式下的磨矿作用以研磨为主,冲击为辅。

钢球作抛落运动状态时,在钢球上升过程中存在着钢球与衬板及钢球与钢球之间的研磨作用,对矿石进行研磨。当钢球上升到上方时向下作抛落,在抛落过程中,球与球之间及球与矿粒之间下落速度均相同,不存在相对运动,也就不产生磨矿作用。但当钢球落到球荷底脚,钢球对下面的衬板及球荷形成强烈的冲击,对矿粒产生强烈的冲击破碎作用,底脚区的钢球运动很活跃,磨矿作用很强。所以,钢球作抛落运动时磨矿作用以冲击为主,研磨为辅。由于抛落式下钢球的相对运动较泻落式下强,抛落式下的磨矿作用比泻落式强,生产率也要大一些。

钢球作离心运转时,钢球与衬板之间以及钢球与钢球之间没有相对运动,也就不对矿粒产生磨矿作用,因此,磨机的运动中应该尽量避免离心运动状态的出现。

10-4　作用于钢球的力有哪些,这些力各起什么作用?

磨机内钢球的受力如图 10-2 所示。

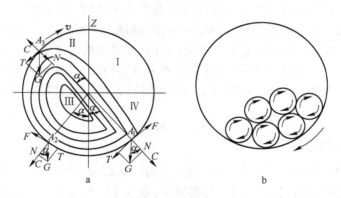

图 10-2　作用于钢球的力及钢球运动示意图
a—钢球受力示意图;b—钢球运动示意图

在图 10-2a 中,从外层任意取一钢球 A_1,钢球 A_1 处于重力场中,必受重力 G 的作用;另外,钢球 A_1 随筒体一起做圆周运动,它又受离心力 C 的作用。进一步对 G 及 C 作分解。G 分为两个分力:G 的切向分力 $T(T = G\sin\alpha)$ 使质点 A_1 沿切线方向运动,向下滑动,G 的法向分力 $N(N = G\cos\alpha)$,在下面的第Ⅲ、Ⅳ象限使质点 A_1 沿筒体过中心的法向压向筒壁,而在上面的第Ⅱ象限,G 的法向分力 N 则使质点 A_1 沿法向脱离筒壁。离心力 C 无论在何象限内均是从筒体中心压向筒壁。在下面的第Ⅲ、Ⅳ象限,离心力 C 与重力 G 的法向分力 N 方向相同,$(C+N)$ 压向筒壁,力 $(C+N)$ 配合上与 A_1 接触处的摩擦系数 f,构成摩擦力 F,$F = f(C+N)$,F 与下滑力 T 的方向相反,阻止 T 力沿切线方向向下滑动。当钢球与筒壁没有相对运动的情况,T 力和 F 力是相等的。钢球受力 $(C+N)$ 压着,与磨机成同步运动,随着磨机以同样的线速度 v 作圆曲线运动上升到 A_3 点。在此处,力 C 和力 N 大小相等方向相反,则

$F = 0$,切线分力 T 为后面的球上升时的推力所抵消。于是,钢球脱离筒壁,成为自由的,以原有的速度 v 抛出,受自身重力作用,作抛物线下落。

当磨机转速过高时,球上升到顶点 Z,由于离心力 C 比钢球重量 G 大,钢球就不会下落,出现了离心运转。

当转速较低时,不到 A_3 点,N 力与 C 力已经相等,钢球即作抛物线落下。N 力与球的重量及球的位置有关,C 力与球的重量和磨机的转速有关,因而钢球能够上升的高度决定于球荷的质量及磨机转速。

球荷中的每一个球,都受到大小相等方向相反而作用点又不同的力 T 和力 F 的作用,T 与 F 成为力偶,因此球围绕自身轴线转动,如图 10-2b 所示的情况。即钢球在随筒体上升的过程中,是转动着向上运动的。

10-5 何谓临界转速,如何推导,如何计算?

临界转速就是使钢球发生离心的最小转速或使钢球不产生离心的最大转速。

$$n_c = \frac{30}{\sqrt{R}} = \frac{42.4}{\sqrt{D}} \tag{10-1}$$

此处,$D = 2R$,单位皆为 m。对贴着衬板的最外一层球来说,因为球径比球磨机内径小得多,可忽略不计。R 可以算是磨机的内半径,D 就是它的内直径。

10-6 钢球泻落式运动有何特点?

球磨机中钢球作泻落式运动时,球荷上升的高度不高,然后球沿球荷形成的斜坡向下滚落。当球滚到斜坡底时,能产生较轻微的冲击作用。球荷在上升过程中,球荷之间的转动能对矿料产生研磨作用。球滚到坡底时,对矿料产生较轻的冲击作用。因此,钢球作泻落运动时磨矿作用以研磨为主,并有轻微冲击。轻微冲击作用不仅在球滚到坡底时产生,而且在球荷上升过程及沿斜面滚动过程中也会产生。

球荷作泻落式运动时,多是磨机的转速率比较低,大多数情况下 ψ 是在 70% ~ 80% 之间。由于转速率较低,球荷与筒壁及球荷与球荷之间的相对运动速度较低,故研磨作用比较弱,因此,泻落式下磨机的生产能力较低。

钢球作泻落式运动时,磨矿作用以研磨为主,并辅以轻微冲击,因此,泻落式运动适于矿石细磨。而对于粒度较粗的粗磨,需要较大的冲击力,只能采用抛落式状态。

10-7 钢球作抛落运动的基本方程式是哪两个?

拍摄及观察磨机内钢球的运动状态时可知,在钢球作抛落式运动时,其运动分为两步:钢球先随筒体作圆运动,然后再作抛落式运动。故其运动轨迹亦分为两部分。在图 10-3 中,球从点 B 到点 A 是圆运动的轨迹,而 A 点到 C 点再到 B 点为抛落运动轨迹。圆运动有圆运动的方程式,抛物运动有抛物运

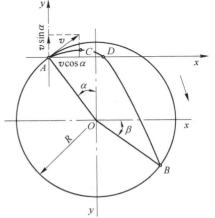

图 10-3 球的圆运动及抛物线运动轨迹

动的方程式,由运动轨迹而建立运动方程式:

$$(x - R\sin\alpha)^2 + (y + R\cos\alpha)^2 = R^2 \tag{10-2}$$

$$y = x\tan\alpha - \frac{x^2}{2R\cos^3\alpha} \tag{10-3}$$

公式(10-2)及式(10-3)是钢球作抛落运动时的两个基本方程式,用它们可以对抛落运动的情况作量化计算。

10-8 钢球作抛落运动时各特殊点坐标如何计算?

为了准确画出抛物线,必须确定它的最高点 C,它与 x 轴的交点 D 及落回点 B 的坐标。

确定 C 点的坐标:因 $y_C = y_{最大}$,故对式(10-3)取一次导数并令它等于零,用求极大值的方法可求出 $y_{最大}$ 的坐标值:

$$x_C = R\sin\alpha\cos^2\alpha \tag{10-4}$$

$$y_C = \frac{1}{2}R\sin^2\alpha\cos\alpha \tag{10-5}$$

确定 D 点的坐标:因 D 点是抛物线与水平轴 x 的交点,所以

$$y_D = 0 \tag{10-6}$$

$$x_D = 2R\sin\alpha\cos^2\alpha \tag{10-7}$$

确定 B 的坐标:B 点是钢球抛落运动的终点,也是圆运动的起点,即 B 点既符合抛落运动,也符合圆运动,它必然是公式(10-2)和式(10-3)联立求解时得到的公解,解此三角方程组可得:

$$x_B = 4R\sin\alpha\cos^2\alpha \tag{10-8}$$

$$y_B = -4R\sin^2\alpha\cos\alpha \tag{10-9}$$

y_B 为负值表示 B 点在 xAy 坐标系的下方。

比较式(10-4)至式(10-9)可得:

$$x_B = 2x_D \tag{10-10}$$

$$x_C = \frac{1}{4}x_B \tag{10-11}$$

$$y_C = \left| \frac{1}{8}y_B \right| \tag{10-12}$$

10-9 何谓脱离角,何谓落回角,如何计算?

脱离角 α 及落回角 β 是钢球作抛物运动的两个重要参数。

脱离角 α 是脱离点 A 到磨机中心 O 的连线与 y 轴的夹角,α 角愈小时表示球上升愈高,α 角为零时,表示球不再脱落并进入离心运转。因 $n = \frac{30}{\sqrt{R}}\sqrt{\cos\alpha}$ 及 $n_C = \frac{30}{\sqrt{R}}$,故 $\psi = \frac{n}{n_C} \times 100\% = \sqrt{\cos\alpha}$ 或 $\psi^2 = \cos\alpha$。可见钢球的脱离角表示钢球上升的高度大小,对外层球而言,它由磨机的转速率 ψ 决定,即筒体的转动率决定着钢球上升的高低,从而决定着各特殊点坐标的位置。即在已知磨机筒体半径 R 的情况下,由转速率 ψ 可以求出脱离角 α。

落回角 β 是脱回点 B 到磨机中心 O 的连线与水平 X 轴的夹角,β 角小时表示球落下的

高度小,β 角大时表示球落下的高度大。脱离角 α 及落回角 β 有如下关系:$\beta = 3\alpha - 90°$。

10-10 钢球脱离点及落回点的轨迹如何计算?

磨机中的球荷由若干球层组成,每一层都有一个脱离点 A_i 和落回点 B_i。每一层球的 A_i 点的坐标各不相同,但它们既然都是脱离点,就都有相同的几何条件。同样,各落回点 B_i 的坐标尽管也不相同,但也符合同一个几何条件。找出这两个几何条件,就找出了这两种转折点的连线,即脱离点与落回点的轨迹。

由钢球运动的基本公式 $n = \dfrac{30}{\sqrt{R}} \sqrt{\cos\alpha}$

可得

$$R_i = \frac{900}{n^2}\cos\alpha = a\cos\alpha \qquad (10-13)$$

这里,当 n 为已给定时,$a = \dfrac{900}{n^2}$ 为常数。

公式(10-13)是以磨机中心 O 为极点,坐标轴 Oy 为极轴的圆曲线方程,此圆的半径为 $\dfrac{a}{2}$。由于每一层球皆有一脱离角 α_i 与球层半径 R_i,并且符合式(10-13)所示的关系,因此诸 A_i 皆在以 O_1 为圆心及 $O_1 O = \dfrac{a}{2}$ 为半径的圆上。这个圆就是各脱离点的轨迹,见图10-4。

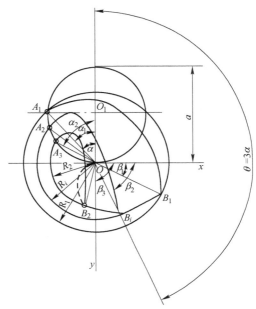

图 10-4 脱离点(A_i)和落回点(B_i)的轨迹

落回点 B_i 到磨机中心的距离为 R_i,与极轴 Oy 之间的极角 θ 由公式(10-13)可知,为:

$$\theta = \beta_i + 90° = 3\alpha$$

点 β_i 也在圆运动的轨迹上,也遵从公式 $n = \dfrac{30}{\sqrt{R}} \sqrt{\cos\alpha}$,于是照样有极坐标方程式

$$R = a\cos\alpha = a\cos\frac{\theta}{3} \qquad (10-14)$$

当 $\theta = 270° = \dfrac{3}{2}\pi$ 时 $R = 0$,此方程式表示的曲线(即巴斯赫利螺线)将通过磨机中心(即极点),公式(10-14)代表的曲线就是诸落回点 B_i 的轨迹。

10-11 何谓最小球层半径与最大脱离角?

由上图显然可知,愈近磨机中心的球层,它的脱离点轨迹和落回点轨迹愈靠拢,到了磨机中心 O 处即汇于一点。从现象上看,愈靠近磨机中心的球层,它的圆运动和抛物线运动相互干扰愈厉害,以致二者几乎不可分。因此,最内球层的半径 R_2 必有一极限值,小于它,球层即无明显的圆运动和抛物运动。这个极限值叫最小球层半径($R_{最小}$)。与最小球层半径 $R_{最小}$ 相对应的最大脱离角 $\alpha_{最大}$,判断球层保持明显的圆运动和抛物运动的极限状态的

两个相关联的指标是

$$\alpha_{最大} = 73°44' \tag{10-15}$$

$$R_{最小} = \frac{900}{n^2}\cos 73°44' \approx \frac{250}{n^2} \tag{10-16}$$

10-12 球层半径与转速率和装球率的关系怎样?

每一层球有一球层半径和相对的脱离角,它们的关系符合公式(10-13)。设最外层球的半径为 R_1 脱离角为 α_1,最内层球的半径为 R_2,脱离角为 α_2,在磨机的每分钟转数为 n,$\frac{R_2}{R_1} = \frac{\cos \alpha_2}{\cos \alpha_1} = K$,$K$ 为最内层球半径与最外层球半径之比,或最内层球的与最外层的脱离角的余弦之比。显然,K 标志装球率,因为装球愈多,R_2 愈小,K 值也就愈小。而 $\cos \alpha_2 = K\cos \alpha_1 = K\psi^2$,则最外层球的脱离角仅与转速率有关,而最内层球的脱离角,既与转速率又与装球率(用 K 标志)有关。

为了保证最内层球也能处于抛落状态(即所有球层都是抛落的),装球率与转速率必有一确定关系。而且这种关系又必有临界点,过了这种临界点,磨机的转速不足以使最内层球作抛落,钢球于是处于泻落状态。

10-13 抛落运动状态下磨机断面分几个区域,各区域的磨矿作用如何?

从图 10-5 中明显地看出,磨机内部分为四个不同的区域。

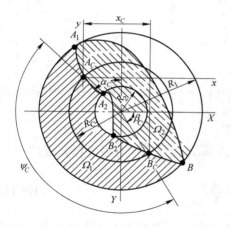

图 10-5 磨机内的各区域和球切荷面积

(1)钢球作圆运动区——图中画实影线的部分,钢球都作圆运动,矿石被钳在钢球之间受磨剥作用。此区内钢球磨矿作用较弱。

(2)钢球作抛物落下区——图中画虚影线的部分,表明钢球纷纷下落的区域。在钢球下落的过程中,没有磨着矿石,直至落到用落回点 BB_2 表示的底脚时,钢球才对矿石起冲击作用。此区钢球极活跃,有强烈冲击,有跳动,磨矿作用最强。

(3)肾形区——靠近磨机中心的部分,钢球的圆运动和抛物线运动已难明显地分辨。在未画影线形状如肾的区域中,钢球仅作蠕动,磨矿作用很弱。当装球较多而转速又不足以使它们活跃地运动时,肾形区就较大,磨矿效果也较差。

(4)空白区——在抛物落下区之外的月牙形部分,为钢球未到之处,当然没有磨矿作用。转速不足时,钢球抛落不远,空白区就较大。转速过高,钢球抛得远,空白区虽然小,但钢球直接打衬板会造成严重磨损,磨矿效果较差,因为钢球把能量又传回筒体,功率下降。

10-14 球荷的切割面积如何计算?

磨机转动时,其中有球的空间,一部分分布着作圆运动的球,另一部分分布着作抛物线落下的球。取与磨机长轴垂直的切面来看,全部运动着的球所占的面积为 Ω,而作圆运动部

分的球所占的面积为 Ω_1,作抛物线运动的球所占的面积为 Ω_2,则

$$\Omega = \Omega_1 + \Omega_2 \tag{10-17}$$

在动态下的装球率为

$$\varphi = \frac{\Omega}{\pi R^2} \tag{10-18}$$

任取一层球,它的球层半径为 R_C,脱离角为 a_C,落下角为 β_C,此球层所对的圆心角为 ψ_C,由图 10-5 可以看出,

$$\Omega_1 = \pi R_C^2 \frac{\psi_C}{360°} \tag{10-19}$$

在 Ω 及 Ω_1 求出之后,Ω_2 也就可以算出。

10-15 钢球落下的动能如何计算?

钢球落下时冲击矿石的能量,即是落到终点时的动能。此动能的大小,决定于钢球的质量和落下时的高度。落下高度取决于磨机的转速及磨机直径,所以,磨机转速的决定方法实际上是和钢球落下时的动能有关。如图 10-6 所示,若钢球的质量为 m,它在落回点的动能为:

$$E = \frac{m}{2}v^2(9 - 8\cos^2\alpha) \tag{10-20}$$

当钢球以速度 v_p 到达落回点时,它的动能分解为两部分:一部分沿打击线 OB(通过物体的打击接触点,并垂直于接触面的直线)冲击矿石;另一部分与打击线垂直,使钢球沿切线方向运动,这部分使矿石受磨剥而没受到冲击作用。如果把 v_p 分解为沿打击线的径向分速度 v_n 和切向分速度 v_t,求出这两个分速度,就可以知道冲击矿石的能量和磨剥矿石的能量各占若干。

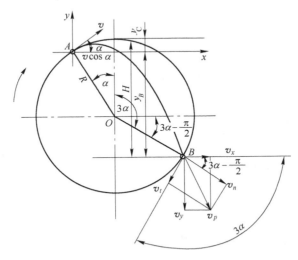

图 10-6 球在抛物线路程末端的速度及其分量

10-16 何谓低转速及高转速磨矿制度,合理的转速范围是多少?

决定磨机转速时,有两种方法。第一种用最外层有最大落下高度来决定转速。若取最外层球的半径即磨机的内半径,可得到

$$n = \frac{30}{\sqrt{R}} \sqrt{\cos \alpha} = \frac{30}{\sqrt{R}} \sqrt{\cos 55°44'} \approx \frac{32}{\sqrt{D}} \qquad (10-21)$$

而

$$\psi = \frac{n}{n_c} \times 100\% = \frac{32}{\sqrt{D}} \Big/ \frac{42.4}{\sqrt{D}} \times 100\% = 76\% \qquad (10-22)$$

第二种用球荷的回转半径与脱离角的关系来推算。$\psi = \frac{37.2}{42.4} = 88\%$。第二种方法比前一种方法较合理，因为考虑了全部球荷。实际生产中，常将 $\psi < 76\%$ 的磨机视为低转速磨机，$\psi > 88\%$ 视为高转速磨机，而将 $\psi = 76\% \sim 88\%$ 视为适宜的转速率。

10-17　钢球循环次数与转速及装球率的相互关系怎么表示？

钢球的磨矿次数包括钢球对矿石的冲击及磨剥，而冲击作用又与有效的冲击次数有关。磨机运动时，一部分钢球随筒体一起做圆运动，另一部分钢球作抛物运动。因此，磨机转一转时，钢球的运动未必就是一个循环，因为钢球作抛物运动比圆运动快，因而钢球总是超前的，或者说，磨机转一转时，钢球不只是循环运动一次。磨机转一转钢球的循环次数为

$$J = \frac{60/n}{T} = \frac{90°}{90° - \alpha_c + 28.6 \sin 2\alpha_c} \qquad (10-23)$$

由此式可知：钢球的循环次数取决于脱离角 α_c。当磨机转速不变时，不同的球层有不同的脱离角，它的循环次数也不同。磨机转速越高，α_c 越小，循环次数也越少。到了钢球离心化时，$\alpha_c = 0$，$J = 1$，钢球贴在衬板上与磨机一起转动。

设 φ 为装球率，磨机内装球的体积为 $\varphi \pi R_1^2 L$。如果磨机转一转，全部钢球循环 J 次，则

$$\pi R_1^2 (1 - K^2) L = J \varphi \pi R_1^2 L$$

于是

$$J = \frac{1 - K^2}{\varphi} \qquad (10-24)$$

上式中的 K，既与装球率 φ 有关，又通过 K 值而与磨机的转速有关。转速率越大的，在同样装球率下，K 值也越大，J 却越小。如果转速率相同，装球率越多，K 值也越小，J 却越大。这就是转速、装球率和影响冲击量的钢球循环次数的相互关系，从而说明了正确决定磨机转速的重要性。

10-18　如何计算钢球循环次数、转速及装球率的对应值？

设磨机直径为 D，它的每分钟转数是 $n = \frac{32}{\sqrt{D}}$，试计算它的 K、φ 和 ψ 的对应值。

解：计算此种题目的步骤如下：
（1）根据 $\cos \alpha_1 = \psi^2$ 从给定的 ψ 值算出 α_1；
（2）因必须 $\alpha_2 > \alpha_1$，依次选取任意角 α_2；
（3）由角 α_1 和 α_2 算出 φ；
（4）根据 $K = \frac{R_2}{R_1} = \frac{\cos \alpha_2}{\cos \alpha_1}$ 算出 K。
由题中给的数据，求得：

$$\psi = \frac{32}{42.3} \times 100\% = 75.6\%$$

及

$$\alpha_1 = \arccos\psi^2 = \arccos0.571 = 55°10' \qquad \pi - 2\alpha_1 = 69.7° \times 0.0175 = 1.22 \text{ rad}$$

$$\cos2\alpha_1 = -0.347, \quad \sin2\alpha_1 = 0.936 \qquad \alpha_1 = 55.15° \times 0.0175 = 0.965 \text{ rad}$$

$$\frac{1}{4}\sin4\alpha_1 = -0.163$$

$$(\pi - 2\alpha_1)\cos2\alpha_1 + \sin2\alpha_1 - \alpha_1 + \frac{1}{4}\sin^4\alpha_1$$

$$= 1.22(-0.347) + 0.936 - 0.965 - 0.163 = -0.615$$

选取 α_2 为70°进行计算。

$$\pi - 2\alpha_2 = 40° \times 0.0175 = 0.70 \text{ rad} \qquad \cos2\alpha_2 = -0.766,$$

$$\sin2\alpha_2 = 0.643 \qquad \alpha_2 = 70° \times 0.0175 = 1.22 \text{ rad}$$

$$\frac{1}{4}\sin4\alpha_2 = -0.246$$

$$(\pi - 2\alpha_2)\cos2\alpha_2 + \sin2\alpha_2 - \alpha_2 + \frac{1}{4}\sin4\alpha_2$$

$$= 0.70(-0.766) + 0.643 - 1.22 - 0.246 = -1.359$$

因此

$$\varphi = \frac{-0.615 - (-1.359)}{2\pi\varphi^4} = \frac{0.744}{2\pi(0.756)^4} = 36.42\%$$

$$K = \frac{\cos\alpha_2}{\cos\alpha_1} = \frac{\cos70°}{\cos55°10'} = 0.599$$

钢球的循环次数为

$$J = \frac{1 - K^2}{\varphi} = \frac{1 - (0.599)^2}{0.3642} = 1.75(\text{次})$$

应用此法算出表 10-1,并用下面公式算出装球率不同的临界值 K_c 和 φ_c 如表 10-2。

$$K_c = \frac{\cos73°44'}{\varphi_c^2}$$

表 10-1　各种 φ 和 ψ 值时参数 K 之值

$\varphi/\%$ \ $\psi/\%$ (K)	65	70	75	80	85	90	95	100
30	0.527	0.635	0.700	0.746	0.777	0.802	0.819	0.831
35	—	0.511	0.618	0.683	0.726	0.759	0.781	0.797
40	—	0.237	0.508	0.606	0.669	0.711	0.740	0.760
45	—	—	0.288	0.506	0.600	0.656	0.649	0.721
50	—	—	—	0.332	0.508	0.592	0.644	0.676

表 10-2　抛落状况时各种充填率的 φ_c 和 K_c 值

$\varphi/\%$	$\varphi_c/\%$	$K_c/\%$	$\varphi/\%$	$\varphi_c/\%$	$K_c/\%$
0	52.9	1.000	40	74.8	0.501
30	68.3	0.603	45	78.3	0.458
35	71.3	0.550	50	81.8	0.419

10-19　钢球抛落运动理论的适用性如何？

戴维斯、列文松、王文东等人依据磨机内钢球作抛落运动的轨迹建立钢球运动方程式，并由此基本方程式而用数学方法求解钢球的运动学规律。由运动学规律而建立磨机内运动球荷分区及分析各区的磨矿作用。最后由运动学规律而分析钢球的能态及指导磨机转速与重要参数的选择确定。应该说，这一套理论是系统的严密的。它建立在磨机内钢球不滑动的前提下。由于生产中的磨机大多装球40%左右，而且有矿砂矿石存在，磨机内钢球基本不滑动，符合钢球抛物运动的理论的前提条件，故有不少结论与生产实际相符。但是，如果磨机内球荷出现滑动，则钢球抛落运动理论不适应，得出的结论不可信。即使在钢球抛落运动理论适合的范围内，得出的结论也不一定可靠。例如，按此理论计算，当转速率 $\psi = 76\%$ 时，适宜的装球率算出来为40%，但实际生产中则高出40%不少，甚至达48% ~50%；当转速率 $\psi = 88\%$ 时，算出的实际装球率为50%，实际生产中则比这个值低得多，可能只35% ~ 40%。因此，在理论适用的范围内，对其计算结果也要十分审慎。

10-20　磨矿动力学基本公式如何推导？

在最简单的情况下，可以假定磨矿速度（即粗级别重量减少的速度）与该瞬间磨机中未磨好的粗级别重量成正比。根据这个假设可以列出下列关系：

$$\frac{\mathrm{d}R}{\mathrm{d}t} = -kR \qquad (10-25)$$

式中　R——经过时间 t 后粗级别残留物的重量；

　　　t——磨矿时间；

　　　k——比例系数，决定于磨矿条件，负号"－"表示粗级别减少。

用分离变量法求解式（10-24）微分方程式，得到

$$\int \frac{\mathrm{d}R}{R} = -k \int \mathrm{d}t + C$$

$$\ln R = -kt + C$$

设 R_0 为被磨物料中粗级别的原始含量，在磨矿开始时，$t = 0$，$R = R_0$，从而 $C = \ln R_0$。将 C 值代入上式得到：

$$\ln R = -kt + \ln R_0$$

或　　　　　　　　　　$$R = R_0 \mathrm{e}^{-kt} \qquad (10-26)$$

这就是磨矿动力学方程式。

用试验验证的结果指出，更符合实际的方程式是：

$$R = R_0 \mathrm{e}^{-kt^m} \quad 或 \quad \frac{R_0}{R} = \mathrm{e}^{kt^m} \qquad (10-27)$$

此方程式不能满足一个边界条件，因为在方程式中，只有 $t = \infty$ 时，粗级别残留物才会等于零。虽然如此，在粗级别残留物为5% ~100%的范围内，这个方程式还是适用的。

10-21　用磨矿动力学原理分析开路磨矿得出什么结论？

对于指定的磨矿机，在其他磨矿条件相同时，标志通过能力的给矿量（Q）与磨矿时间

(t) 近似地成反比。即给矿愈多,矿料通过磨机愈快,被磨时间愈短,可表示为

$$t = \beta \times \frac{1}{Q} \qquad (10-28)$$

此处的 β 是比例系数,对指定的磨机和除给矿量外其他磨矿条件不变时,可以认为是个常数。

随生产率的增加,矿料通过磨机变快,被磨时间缩短,磨机排矿中合格产物的含量将减少,但合格产物的数量却增加甚多,因而按每吨合格产物计的功耗大为降低。在开路磨矿中,如果总生产量很大,磨矿机产生合格产物的工作效率就很高,近代大型选厂的两段磨矿流程,第一段常用高生产率的开路棒磨,理由就在此,在开路磨矿时,如要使产品细度高,势必少给矿,磨矿效率就很低,是十分不划算的。

10-22　用磨矿动力学原理分析闭路磨矿得出什么结论?

用磨矿动力学原理分析闭路磨矿后说明,提高分级效率及采用大的返砂比有利于闭路磨矿,返砂比不应减小到小于根据 $\left(\frac{1}{E}-1\right)$ 的程度,返砂比过小与开路磨矿差不多,生产率低,磨矿效率低。在大的返砂比下才有高的磨矿效率。放粗磨矿排矿及提高分级效率可以使返砂比加大。

10-23　用磨矿动力学原理分析磨机生产率与循环负荷及分级效率的关系得出什么结论?

用磨矿动力学原理分析生产率与循环负荷及分级效率的关系后说明,分级效率高及返砂比大有利于提高生产率,但返砂比过高也无多大作用,太大时会超过磨机的通过能力,使磨机堵塞。其原因是:较粗的返砂大量返回磨机后,加大了待磨料的粗级含量,提高了磨矿效率,并且使磨机全长粗级别含量增加,使整个磨机长度上能高效率破碎。但当返砂量大到磨机全长上粗级别含量已够高及均匀时,再继续增加返砂比已无什么作用,过大了反会使磨机堵塞。因为一定结构形成及一定特性下的给矿,磨机有个通过能力的限制。

11 磨矿工艺

11-1 影响磨矿过程的因素有哪几类,哪些因素可以改变,哪些因素不可以改变?

影响磨矿过程的因素主要有:

(1) 进入过程的原料性质及特性;(2) 过程在设备上实现,设备的性能及特性对过程存在影响;(3) 过程是靠人来操作的,操作因素无疑影响过程。第一类及第二类因素当磨矿机确定后可视为不可改变,第三类因素可改变。

11-2 矿料性质怎样影响磨矿过程?

影响磨矿的矿料性质主要是矿石的力学性质,包括硬度、韧性、解理及结构缺陷。矿石硬度大则难磨,硬度小则易磨。硬度是由矿石中的矿物结晶粗细及相互间的键合力强弱决定的。一般的矿物及矿石其力学特性均是硬而脆,所以矿料的磨碎电耗很大。韧性大的矿石也难磨碎,冲击破碎的效果不好,剪切磨剥的效果较好。矿石中存在解理现象的矿石其硬度降低,容易磨碎。矿石中有结构缺陷的,无论是宏观的还是微观的裂纹均降低矿石的强度,有利于磨碎。矿石中含泥量大,特别是含胶性泥多的矿石,易使矿浆黏性太大,较难流动及排出磨机,影响磨机生产率。矿石中一些片状及纤维状矿物的大量存在也影响磨矿,它们易打成片状或纤维状而难磨细。还有,诸如煤及滑石一类,硬度很低,但在磨矿中由于滑而不易被咬住,也难磨细,它们的功指数可能大大超过硬矿石的。此外,矿石中的各种矿物中其可磨性不同,有的易磨碎,如锡石、黑钨矿、方铅矿等,有的难磨细,如石英等,即有显著的选择性磨细现象,应及时把磨细的锡石等排除,免遭过粉碎。总之,矿石的力学性质是各种各样的,要针对矿石的力学特性来选择与之相适应的磨矿条件才会有好的磨矿效果。宏观上说,以可磨性系数来综合及表示矿石性质对磨矿过程的影响,相对可磨性系数愈大者愈好磨细。

11-3 给矿粒度和磨矿细度怎样影响磨矿,哪一个因素对磨矿的影响最大?

给矿愈粗,将它磨到规定细度需要的磨矿时间愈长,功耗也愈多。给矿粒度的改变对磨机生产率的影响是与矿石性质和产品细度有关。

磨矿产品粒度直接影响着选别指标。磨矿产品粒度过粗,有用矿物和脉石没有获得充分解离,太细了又引起较严重的过粉碎,两种情况都会使选别指标降低。如将磨矿粒度改变为较细后,能量消耗和钢耗增加,生产率降低,每磨矿一吨矿石的费用比磨矿较粗时要高。因此,确定磨矿粒度必须按技术经济条件综合考虑。

磨矿产品粒度对于生产能力的影响,决定于两个相互矛盾的因素。一方面,磨粗粒原矿至规定细度时,随磨矿时间的增长,被磨物料的平均粒度皆愈来愈小,磨矿机的生产能力因而愈到后期愈高。另一方面,由于磨矿的选择作用,易磨部分已被磨细,剩下的都是难磨部分,因而磨矿机的生产能力愈到后期愈低。由于这两种情况相反的因素影响,磨矿产物粒度与磨机处理能力的关系,可能是上升的、下降的或先上升后下降,以及实际上没有变化等情况,随这两个矛盾因素的对比所决定。

给矿粒度及产品细度对磨机生产率的影响的大小,以产品细度影响为大。

11-4 磨机的结构因素对磨矿有何影响?

棒磨机的生产率比同规格格子型球磨机的小15%,比溢流型球磨机小5%左右,但当棒磨机用于粗磨(磨矿产品细度1~3 mm)时,生产能力却大于同规格球磨机。溢流型球磨机的生产率较同规格格子型球磨机的小10%~15%,有时甚至小到25%。长度主要影响到磨矿时间,因而影响磨矿细度。用规格为 $D \times L$(1830 mm×6170 mm)的球磨机磨细滑石的试验说明:在距给矿端的长度等于直径处,所完成的磨矿工作量为总的85%;在距给矿端的长度为直径的1.3倍处,完成了磨矿工作总量的90%,这是和磨矿动力学的原理相符合的。由此可知,过短的磨矿机不能完成规定的磨矿细度,过长了会增加动力消耗,并产生过粉碎。目前,国产的球磨机长度与直径之比在0.78~2范围,棒磨机的长度一般是直径的1.5~2倍。

近年来,随着选矿厂日处理量的增加,大型选矿厂不断出现,球磨机和棒磨机的规格日渐增大。大型磨矿机的好处是:比生产率(利用系数)高,筒体重量与磨矿介质重量之比小,克服摩擦阻力所耗之功因而较小;用一台大型磨矿机比用几台小型磨矿机看管方便,所占面积小,按处理一吨矿石计的成本也较低。但实践证明,直径大于4 m时由于装球减少及转速降低,比生产率反而下降,比生产率最大的是直径2.7~3.6 m的磨机。因此,大型球磨机有降低成本的优势,但直径大于4 m,磨矿效率下降的负面影响也应考虑。

11-5 转速率怎样影响磨矿?

磨矿机的转速与装球率紧密相关,不能将它们分开孤立地研究。在装球率保持一定时,有用功率是随转速率不同而变化的,当转速率为某一适宜值时,有用功率可达最大值。既然有用功率是指发生磨矿作用所消耗的功率,与有用功率相对应的生产率,它与转速率的关系,基本上和有用功率与转速率的关系类似。只是当 $\phi = 30\%$ 时,因为滑动厉害,二者相差很大。但当装球率达到50%时,摩擦力大到足以克服滑动,二者即一致了。目前制造厂规定的磨矿机转速率大致在66%~85%,多数在80%以下,转速稍偏低,就很难达到高的生产率。近几年来我国某些厂矿生产实践证明,适当地提高磨矿机的现有转速,是提高选矿厂处理能力措施之一。例如某选矿厂将3200 mm×3100 mm格子型球磨机转速率由74%提高到88%,磨机的处理能力约提高10%~15%;另一个重选厂,将1500 mm×3000 mm棒磨机的转速率由84%提高到97.4%,生产率提高了25%效果较为显著。但棒磨机转速率不宜过高,转速过高时容易乱棒。但应当注意,随着转速率提高后,钢球和衬板的磨耗量有所增加,磨机的振动也较厉害,必须加强设备管理和维修工作。并采取合理的措施,适当地降低装球率,相应地调整磨矿浓度和提高分级机的效率。同时,还应考虑传动部件的强度和电动机的负荷情况。

直到目前为止,绝大多数的磨矿机仍然是在临界转速以下工作,超临界转速磨机仅是个别情况,在这方面,国外已进行过很多研究工作。试验和生产都说明,超临界转速磨矿尽管有提高磨机生产率等某些优点,但仍存在一些问题,有待进一步研究解决。

11-6　装球率怎样影响磨矿?

当装入的钢球是有效工作的时候,装球愈多,生产率愈大,功率消耗也愈大,但装球过多,由于转速的限制,靠近磨机中心的那部分球只是蠕动,不能有效工作。理论上装球率不应超过50%。超临界转速工作,装球量要减少到能保证不发生离心运转,但也不可以少到削弱生产能力的程度。

一般认为棒磨机的装棒率应比同直径的球磨机的约低10%,大致35%~45%。

11-7　磨矿浓度怎样影响磨矿?

磨矿浓度通常是用磨矿机中矿石的重量占整个矿浆重量的百分数表示。矿浆愈浓,它的黏性愈大,流动性较小,通过磨机较慢。在浓矿浆中,钢球受到浮力较大,它的有效比重就较小,打击效果也较差。但浓矿浆中含的固体矿粒较多,被钢球打着的物料也较多。稀矿浆的情况恰好相反。矿浆太浓,它里面的粗粒沉落较慢。使用溢流型磨机,容易跑出粗砂;使用格子型磨机,因有格子挡着,太粗的砂不易跑出。矿浆太稀,细的矿粒也容易沉下,这时,如果是溢流型磨机,产物就比较细,过粉碎较大;如果是格子型球磨机,稀矿浆就便于把细的或稍粗的矿粒冲出格子,过粉碎较小。给矿粗和处理硬度大及比重大的矿石,应当用浓矿浆。就中等转速的磨机说,粗磨矿(产品细度在0.15 mm以上)或磨比重大的矿石时,磨矿浓度应当较大,约75%~82%(固)。细磨矿(产品细度在0.10~0.075 mm)或磨比重较小的矿石时,磨矿浓度应低些,通常为65%~75%(固)。转速较高时,磨矿浓度应稍低一点。某厂的棒磨机的磨矿浓度以78%~80%(固)为最好,这时产出的+0.25 mm的较少,-0.074 mm较多。另一个矿的球磨机,第一段磨的磨矿浓度以72%~75%(固)较好,第二段以69%~72%(固)较好。这是矿石性质不同的结果,影响的矿石性质主要是矿石比重及含泥量因素。

11-8　给矿速度怎样影响磨矿?

给矿速度就是单位时间内通过磨矿机的矿石量,磨机内矿量小时不但生产率低,而且形成空打的现象,使磨损和过粉碎都严重。为了使磨矿机有效地工作,应当维持充分高的给矿速度,以便在磨机中保持多量的待磨矿石。随着给矿速度的提高,由磨矿动力学可知,排矿产物中合格粒级的含量就减小,而产出的合格粒级数量却增加,比功耗将降低,磨矿效率显著提高。如果给矿速度超过磨矿机在特定操作制度下的某额定值时,磨矿机将发生过负荷,出现排出钢球,吐出大块矿石及涌出矿浆等情况,甚至被堵塞。因此,给矿必须连续均匀,不要时多时少,使选别受到不好影响,所以各厂磨矿机的给矿量都不许存在太大的波动。

11-9　钢球在磨矿中的作用有哪些?

在球磨过程中,钢球既是磨矿作用的实施体,又是能量的传递体。它决定着矿石的破碎行为能否发生及怎样发生,也影响着磨机生产能力的大小、磨矿产品质量(包括磨矿产品的粒度特性、单体解离特性等)的好坏及磨矿过程中钢耗和能耗的高低等。

首先,钢球在磨矿过程中起着能量媒介作用,决定破碎行为的发生。磨矿是一个粒度减少和比表面积增大的过程。根据热力学原理,表面积增大是内能增大的过程,是不能自发发生的,要靠外界对矿石做功才能实现。也就是说,磨矿过程是一个功能相互转换过程,即磨机对矿石做功,使矿石内能增加发生变形,而变形达到极限则发生碎裂现象。矿石破碎时,矿石所接受的一部分能量转化为矿粒的新生表面能,绝大部分能量则以热、声等能量形式损失在介质空间。而磨机要对矿石做功及使矿石获得能量正是通过能量媒介体——破碎介质来实现的,因此破碎介质即钢球起着能量传递的作用。若钢球传递的能量不足,矿石只能发生变形,破碎力撤销后矿石恢复原状,破碎行为不能发生。因此,钢球决定着破碎行为的发生。

其次,钢球作为破碎行为的实施体,决定着磨矿产品的质量,矿石是由多种矿物组成的集合体,矿物晶体及晶体之间的结合力的不同决定了矿石性质的不均匀性,据美国国家矿业局的测定,晶面上的结合力只有晶体内结合力的 75%,而不同矿物晶体界面上的结合力又比同种矿物晶体晶面上的结合力更弱。由于矿石性质的不均匀性,也决定着矿石受到外力时碎裂方式的不同。从现代破碎力学的观点看,矿石的破碎是由于自身的能量密度达到一定极限时出现的,而且矿石的破碎方式也与破碎能量的大小有关,即钢球对矿石的破碎力并不是越大越好,而应该在精确的破碎力作用下使碎裂沿着各矿物之间的晶体界面解离,以实现磨矿的主要目的。钢球尺寸过大,破碎力则大,矿粒沿能量最大的方向发生破裂,而不是沿矿物之间的晶界面发生,破碎行为毫无选择性。同时,过大的破碎力也易使矿物产生过度粉碎,造成选矿回收率的降低。这种破碎方式显然不是选矿中的磨矿所要求的;钢球尺寸过小,破碎力不足,则不能使破碎行为发生,已作用的破碎能量将在矿石的弹性恢复中消失,只有在打击力的多次作用下,矿石达到疲劳极限时,才可能产生破碎行为,这种破碎方式必然导致磨矿效果差及能量消耗大;只有在破碎力适中的情况下,破碎行为沿结合力最弱的矿物晶界面之间发生,实现矿物之间的有效分离,这种磨矿产品正是选矿所需要的,而适中的破碎力正是由钢球尺寸的精确性来决定。总之,钢球影响着磨矿产品的质量。

另外,钢球还影响着磨矿生产能力及钢耗、能耗的高低。对固定装球量而言,球径大则个数少,每次磨矿循环时对矿粒的打击次数少,球荷总的研磨面积亦减少,矿粒受到的打击及磨剥的机会减少,磨矿产品中磨不细的级别产率必然增大,磨机的生产能力下降,同时,球径大则破碎力相应增大,产品中过粉碎级别多,磨矿效果恶化;球径过小,虽然每次循环对矿粒的打击次数增加,但由于钢球能量小,打击力不足,仍然不能有效破碎矿粒,而磨不细级别也会增多。而由于球径小所引起的研磨面积的大幅度增加,必然导致过粉碎级别增多及磨矿效果的恶化。选厂试验结果证明,磨机球径靠近磨矿所需最佳球径时,对磨矿影响不大,但磨矿介质尺寸一旦偏离某个范围,磨矿效果则急剧恶化。所以球径过大或过小,都会导致磨矿产品中过粗及过细级别的增加,产品粒度不均匀,磨机的生产能力低,对选别作业不利。因此,只有当钢球尺寸恰当时,才能最有效地破碎矿粒,取得好的磨矿效果。钢球尺寸过大或过小,除了对磨矿技术效果不利外,还有其他缺点。钢球尺寸过大,破碎力大,容易引起钢球非正常损耗的上升。生产实践还证明,磨矿中的能耗往往和钢耗成正比,钢耗高时能耗也高,一般耗 $0.035 \sim 0.175$ kg/kW·h,大球径钢球的单位能耗高于小球径钢球的单位能耗。

11-10 影响钢球尺寸的因素包括哪些?

影响钢球尺寸的因素很多,从破碎过程的原理分析,钢球破碎矿块或矿粒的力学性质是对矿块或矿粒施加破碎力以克服矿块或矿粒的内聚力而使其破碎,故从影响破碎过程的因素来看,可将影响钢球尺寸的因素分为两大类:一类是破碎对象的因素;第二类是破碎动力的因素。

破碎对象的因素包括岩矿的机械强度 $\sigma_压$(常用矿石普氏硬度系数 f 来表征)和矿块或矿粒的几何尺寸(即磨机给矿粒度 $d_给$)。影响破碎力的因素很多,如钢球充填率 φ、钢球的密度 ρ、钢球的有效密度 ρ_e、磨机直径 D、磨机转速率 ψ、磨矿浓度 R、磨机的衬板形状和结构等。

11-11 计算钢球尺寸的经验公式有哪些,有哪些缺点?

计算钢球尺寸的经验公式有以下几个:

(1)考虑一个影响因素的公式。最初,人们是从最简单的方法上考虑,企图寻找钢球尺寸与磨机给矿粒之间的单一比例关系,提出的经验公式为:

$$D_b = kd \qquad (11-1)$$

式中　D_b——所需的钢球尺寸;

　　　d——磨机给矿粒度;

　　　k——比例系数。

对 50 多台磨机的工作调查结果表明,比例系数 k 的范围宽达 2.5~130。因此,式(11-1)根本无实用价值。之所以如此,是因为:1)钢球直径 D_b 受众多因素影响,只抓住一个给矿粒度而丢开各种因素的做法本身就是不科学的,为大范围的误差打开了通道。2)钢球直径 D_b 与各种影响因素之间关系错综复杂,没有任何根据可以说明钢球直径与给矿粒度之间存在直接的及单一的比例关系。因此,式(11-1)产生大的误差是必然的。

(2)考虑两个影响因素的公式。后来,人们在总结前面教训的基础上前进了一步,不再去找直接的比例关系,而是认为 D_b 与 d 的某次方根成比例,而且考虑的因素有所增加,并把没有考虑的因素包括在比例系数中。由于各个研究者考虑问题的出发点不同,并且各人的经验也不同,故提出的球径经验公式较多,下面只列选矿界经常用的几个经验公式:

1)拉苏莫夫公式:

$$D_b = id^n \qquad (11-2)$$

式中　i——球径系数;

　　　n——矿料性质参数;

　　　d——给矿最大粒度,即 95% 的过筛粒度,mm。

式(11-2)不能直接使用,必须针对特定矿石作两组试验,列出两个方程成一组,从方程组求解出 i 及 n 才能得出特定的球径方程式,方可应用。为了方便应用,K. A. 拉苏莫夫提出,对中硬矿石可以直接使用下面的简便计算式计算 D_b:

$$D_b = 28\sqrt[3]{d} \qquad (11-3)$$

2）戴维斯公式：

$$D_b = k\sqrt{d} \tag{11-4}$$

式中　d——80%过筛的给矿粒度；

　　　k——经验修正系数，对不同硬度矿石取不同数值，硬矿石，k 值取 35；软矿石，k 取 30。

3）邦德简便经验公式：

$$D_b = 24.5\sqrt{d} \tag{11-5}$$

式中　d——80%过筛的给矿粒度，mm。

4）我国也有工程师采用优先数选择处理的办法并依据拉苏莫夫球径经验公式求解推导后提出如下经验公式：

$$D_b = 25.5\sqrt{d} \tag{11-6}$$

式中　d——给矿最大粒度，即95%的过筛粒度，mm。

此类公式，除考虑两个因素外，其他未考虑的因素进入比例系数，故计算结果比前一类准确。但也仍然有偏大偏小的情况，这与经验取值（主要是比例系数）的准确有很大关系。因此，此类公式计算结果也有很大误差。相比而言，邦德简便式和拉苏莫夫公式的计算结果较准确一些，但后者的 i, n 试验较为麻烦。

（3）考虑三个影响因素的公式。奥列夫斯基认为，除了考虑给矿粒度外，还应该考虑磨矿的产品粒度，同时把未考虑的因素引进比例系数，其公式为：

$$D_b = b(\lg d_k)\sqrt{d} \tag{11-7}$$

式中　d_k——磨矿的产品粒度，μm。

可能是经验值取值过小，该公式的计算结果偏小，粗磨及细磨下均偏小，实际中也很少用。

尽管如此，上述经验公式也还是存在较大误差，一是因考虑的因素太少，也就是考虑一、二个影响因素；二是一个经验系数难把其余因素均包括进去。通过试验证明，奥列夫斯基公式计算的结果普遍偏小得多；戴维斯公式计算的结果又普遍偏大；拉苏莫夫简便计算式计算粗级别需用球径时结果偏小太多，计算细级别球径基本可行，但仍略偏大；邦德简便计算公式也有拉苏莫夫公式类似的毛病。虽然如此，这些公式比式（11-1）还是管用，只不过误差较大，如果知道它们的毛病，修正一下还是可用。

11-12　欧美各国采用计算钢球尺寸的经验公式有哪两个？

近年来，欧美各国广泛使用的是包括多个影响因素的经验公式，最为典型的是如下两经验公式：

阿里斯·查尔默斯公司公式：

$$D_b = \left(\frac{F}{k_m}\right)^{1/2}\left(\frac{S_s W_i}{C_s \sqrt{D}}\right)^{1/3} \tag{11-8}$$

诺克斯洛德公司公式：

$$D_b = \sqrt{\frac{FW_i}{C_s k_m}\sqrt{\frac{S_s}{\sqrt{D}}}} \tag{11-9}$$

式中　D_b——所需钢球尺寸,in,1 in = 0.0254 m;

　　　　F——80% 过筛的给矿粒度,μm;

　　　　S_s——矿石密度,t/m³;

　　　　W_i——待磨矿石功指数,kW·h/t;

　　　　D——磨机内径,ft,1 ft = 0.3048 m;

　　　　C_s——磨机转速率,%;

　　　　k_m——经验修正系数,按表 11-1 选取。

表 11-1　式(11-8)及式(11-9)中的修正系数 k_m 的值

式(11-8)		式(11-9)	
磨机类型	k_m 值	磨机类型	k_m 值
球磨机	200	球磨机	350
棒磨机	300	棒磨机	330
砾磨机	100	砾磨机	335

　　式(11-8)及式(11-9)考虑的因素多达 5 个,加上经验修正系数 k_m 表示其他未考虑的因素,因此,它们考虑了影响球径的主要因素,比前面的式(11-1)~式(11-7)要精确得多。目前欧美地区广泛使用。

11-13　现在我国应用最多的球径公式是哪个?

　　欧美两个球径公式在我国厂矿中应用却不方便。一是它们式子中均含有功指数 W_i,我国厂矿普遍只有普氏硬度系数 f;二是它们的给矿粒度 F 用的是 80% 过筛粒度,单位为 μm,而我国长期使用的是 95% 过筛粒度,单位是 cm 或 mm;三是它的经验系数是在国外磨机规格大的情况下总结出来的,直径大的磨机中钢球的位能大,可以弥补球径较小的不足,我国磨机直径普遍较小,需要的球径较大,国外总结出的经验系数未必适用。鉴于上述情况,段希祥教授从我国国情出发,用破碎力学原理和戴维斯等人的钢球运动理论推导出段氏球径半理论公式:

$$D_b = K_c \frac{0.5224}{\psi^2 - \psi^6} \sqrt[3]{\frac{\sigma_{压}}{10\rho_e D_0}} d_f \tag{11-10}$$

式中　D_b——特定磨矿条件下给矿粒度 d 所需的精确球径,cm;

　　　　K_c——综合经验修正系数,按表 11-2 中选取;

表 11-2　综合经验修正系数 K_c

粒度 d_f/mm	50	40	30	25	20	15	12	10
K_c	0.57	0.66	0.78	0.81	0.91	1.00	1.12	1.19
粒度 d_f/mm	5	3	2	1.2	1.0	0.6	0.3	0.15
K_c	1.41	1.82	2.25	3.18	3.44	4.02	5.46	8.00

　　　　ψ——磨机转速率,%;

　　　　$\sigma_{压}$——岩矿单轴抗压强度,kg/cm²,1 kg/cm² = 0.1 MPa;

ρ_e——钢球在矿浆中的有效密度,g/cm³;

$$\rho_e = \rho - \rho_n \tag{11-11}$$

ρ——钢材密度,7.8 g/cm³;

ρ_n——矿浆密度,g/cm³,$\rho_n = \dfrac{\rho_t}{R_d + \rho_t(1 - R_d)}$;

ρ_t——矿石密度,g/cm³;

R_d——磨机内磨矿浓度,%;

d_f——磨机给矿95%过筛粒度,cm;

D_0——磨机内钢球"中间缩聚层"直径,$D_0 = 2R_0$,R_0 由式(11-12)求取;

$$R_0 = \sqrt{\frac{R_1^2 + R_2^2}{2}} = \sqrt{\frac{R_1^2 + (kR_1)^2}{2}} \tag{11-12}$$

式中 $k = \dfrac{R_2}{R_1}$ 与转速率 ψ 及装球率 φ 有关,可直接由表11-3求取。

表11-3 各种装球率 φ 及转速率 ψ 时参数 k 值

k ψ/% φ/%	65	70	75	80	85	90	95	100
30	0.527	0.635	0.700	0.746	0.777	0.802	0.819	0.831
35	—	0.511	0.618	0.683	0.726	0.759	0.781	0.797
40	—	0.237	0.508	0.606	0.669	0.711	0.740	0.760
45	—	—	0.288	0.506	0.600	0.656	0.694	0.721
50	—	—	—	0.332	0.508	0.502	0.644	0.676

此公式考虑了矿石的强度 $\sigma_压$ 及尺寸 d_f,考虑了磨机直径(D_0 代表)、磨机转速率 ψ,并考虑了钢球的有效密度 ρ_e,对未考虑的因素用综合经验修正系数 K_c 来包括,而且不同粒度有不同的 K_c 值。因此,段氏球径半理论公式是目前世界上唯一的一个半理论公式,考虑的因素也是最多的一个。

11-14 磨矿机生产率和消耗功率与装球质量有何关系?

在临界转速以内操作时,装球率通常是40%~50%。磨矿机的生产率(Q)和装球重量(G)的关系,可以用下面经验公式表示:$Q = (1.45 \sim 4.48)G^{0.6}$。

磨矿机消耗的功率(N)和装球质量(G)的关系,也可以用下面的经验公式表达:

$$N = CG\sqrt{D} \tag{11-13}$$

式中 N——磨机消耗的功率,hp,1 hp = 745.7 W;

D——磨机内直径,m;

G——装球质量,t;

C——与装球率和磨矿介质种类有关的系数。

11-15 装球率如何计算?

在选矿厂生产上,测定磨机的装球率 φ,通常是采用测量静止磨机球荷表面到磨机筒体

的最高点距离 a 的大小，来估算装球率，具体测定和计算如下：

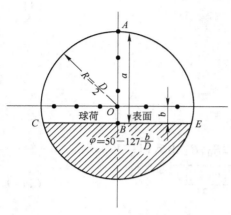

图 11-1 为磨机横截面，影线部分表示磨机静止时球荷所占的面积，D 为磨机内直径，测定球荷表面 CBE 到磨机筒体的最高顶点 A 的距离为 a mm，则球荷表面到磨机中心的距离 b 由图看出为：

$$b = a - R = a - \frac{D}{2}$$

在已知 b 值后，可按经验公式求得磨机的装球率 φ 是

$$\varphi = \left(50 - 127\frac{b}{D} \right) \times 100\% \qquad (11-14)$$

图 11-1 装球率测量示意图

11-16 球磨机初装球量及球比如何确定？

磨机最初装多少要根据磨机的类型、段别、磨机转速率高低，以及衬板的形状等因素综合考虑后决定。一般来说，格子型球磨因有格子板挡住，可以多装一些球，溢流型球磨机装球多了则容易被矿浆冲出来。一段粗磨机需要大的冲击力，可以多装球，二段及以后的细磨机主要靠研磨作用，装球不宜过多。装球率 φ 还要与转速率 ψ 相适应，一定的转速率对应有最佳的装球率。衬板除保护筒体不受磨损外，还能影响钢球的运动状态，过大的提升力会使钢球提升过高，打在空白区的衬板上，对磨矿也是有害的。

最初装球量 G_0 可按下式确定：

$$G_0 = V\varphi\Delta_{球} \qquad (11-15)$$

式中　G_0——磨机最初装球量，t；

　　　V——磨机有效工作容积，m^3；

　　　φ——磨机内钢球的充填率或叫作装球率，%；

　　　$\Delta_{球}$——钢球的堆密度，t/m^3。

实际上，装球率多半凭经验确定，粗磨机 $\varphi = 40\% \sim 50\%$，细磨机 $\varphi = 30\% \sim 40\%$，精确值只有试验确定。钢球堆密度则依球的成分材质、生产方法等因素而异，锻钢球 $\Delta_{球}$ 可达 $4.85\ t/m^3$，铸钢球则低一些，铸铁球的最低，$\Delta_{球}$ 就只 $4.2 \sim 4.3\ t/m^3$。

确定球比是把待磨矿料（包括新给矿及返砂）筛析后分成粒度级别窄的若干组，再分别求出各组粒度需要的球径。各组球的比例与适合它磨细的那组矿粒的产率相当。

11-17 钢球磨损的影响因素包括哪些？

钢球磨损的影响因素很多，主要有磨机、矿浆、磨料、钢球及助磨剂的影响等。在磨机方面，主要影响因素包括磨机的内径、转速、磨机内物料填充率和磨机内钢球填充率等。矿浆的因素一般包括矿浆的 pH 值和矿浆的浓度与黏度等。磨料因素一般包括钢球与磨料的硬度关系、磨料粒度等。钢球因素一般包括钢球直径、形状、材质和硬度等。

11-18 钢球磨损的数学模型有哪几种类型?

众多的研究者也提出了各自范围内适应的磨球磨损的数学模型,如戴维斯磨损数学模型、梅尔谢利表面积磨损数学模型、邦德钢球磨损数学模型、Menacho 和 Concha 钢球磨损模型、介质磨损公式及钢球指数磨损数学模型等。但由于钢球的磨损过程十分复杂,目前还没有一个纯理论的磨球磨损规律的数学模型。

11-19 球磨机补加球制度如何确定?

初装球一经磨矿后就出现磨损,总球量减少,原有的球比发生变化。为了保持最佳的球量及球比,要不断补球来维持。补球总量容易确定,根据前一天处理的矿石总量 Q 及每吨矿石的钢球单耗 W_A(kg/t)就可算出前一天当中消耗掉的钢球 G_A:

$$G_A = Q \times W_A \tag{11-16}$$

式中　G_A——前一天消耗掉的钢球量,kg;

　　　Q——前一天处理的矿量,t;

　　　W_A——处理一吨矿石的钢球单耗,kg/t。

前一天消耗掉的钢球量,就是今天应补入的钢球量。如此不断地补入钢球,就能维持磨机内球量的稳定及平衡。

11-20 简单装补球方法的优缺点有哪些?

由于补加球是定期地连续补加,故即使定期只补加一种大球,由于磨损的原因也会使先后加入的球按顺序形成一个自然的大小配比。初装球无论是加一种大球,或是加多种混合球,经历一段时间后初装球必然因磨损而自然消失,因此,磨机内的球荷组成终究是由补加球形成的。这样,就出现了初装球时装多种球及补加时加一种大球的简单装补方法。这种方法简单,初装球的尺寸及种类可凭经验或经验公式计算,生产管理上也简化及方便,这一优点也可能是这种方法得以生存的原因。但是,这种方法针对性很差,与待磨物料的性质不相适应,加上球径过大,磨矿效率低,钢材消耗大,用差的磨矿及选别效果来换得磨机操作上的装补球方法简单实在不合算。

11-21 合理平衡装补球方法的优缺点有哪些?

由苏联选矿工作者提出的合理平衡装补球方法,针对性强也比较完善。该方法的针对性强体现在三个方面:(1)对磨机新给矿及返砂作筛析,然后按返砂比情况折算待磨物料的粒度组成,并将待磨物料按粒度分组,求出各组物料所需的钢球尺寸,最后,根据钢球尺寸配比大致和计算所依据的各组矿粒百分率相当的原则进行配球。即所确定的球配比是适合于待磨物料的粒度性质的。(2)用待磨矿料进行实验室磨碎试验,确定 K. A. 拉苏莫夫球径公式 $D = id^n$ 中的参数 i 及 n,得到针对该矿石性质的球径公式。(3)把磨矿效果好的情况下的球荷粒级组成当作补球计算的依据,力求使补球以后达到好的球荷组成情况。

但该方法也存在一些弊病。(1)依据矿石粒度确定钢球尺寸时使用的是 K. A. 拉苏莫夫公式,公式考虑的因素少,计算出的球径偏差大。尽管用实际矿石做试验来确定公式的参数 i 及 n,但在实验中只能做 5 mm 以下的两组试验,而 5 mm 以下是力学强度大的粒级,求

出的 i 及 n 值偏大,由此计算的各个粒级所需球径自然偏大。工业试验求 i 及 n 时,不仅工作量大,误差也大,而且人为的干扰因素更多。确定的球径偏差大,无论其他步骤如何细致认真,得到的结果只能是大的方面不精确而小的方面精确。(2)试验程序多,过程长,工作量大。初装球时需作一次清球,为求得补球计算依据的钢球平衡球荷特性资料,初装球后进行磨矿调试最少要一个月以上,而且还要再清一次球。初装球时要试验,计算补球时又要再清球计算。由于过程长,步骤繁,工作量大,此方法难于在工业上推广开并坚持下来。(3)从国内外的资料报道来看,合理平衡装补球方法只能提高生产率10%左右,这可能是球径不精确的原因,或许试验工作不全面。如果保留此方法针对性强的优点,克服其球径不精确的弱点,并且简化试验程序,也可能找到一种更好的装补球方法。

11-22　精确化装补球方法的原理及步骤如何?

精确化装补球方法的原理及步骤如下:

(1)针对待磨矿石开展矿石抗破碎性能的力学研究,测定矿石单轴抗压强度、弹性模量及泊松比,为精确化装补球提供力学依据,加强磨矿的针对性。

(2)对待磨矿料(包括新给矿及返砂)进行筛析,确定待磨矿料的粒度组成,并将其进行分组。

(3)用球径半理论公式精确计算最大球径及各组矿料所需的球径。

(4)用破碎统计力学原理指导配球,根据概率论原理,某个粒级的破碎概率与能破碎该粒级的钢球产率成正比,由此,可根据待磨矿料的粒度组成而定出钢球的球荷组成。另外,还要根据磨矿的目的,对需要加强磨碎的级别应在装球时增加其破碎概率,对不需要破碎的级别减小其破碎概率。

(5)为了保险起见,前面配出的初装球应该用扩大试验进行验证,证明确定的初装球方案是最好的方案。

(6)补球可以按磨损计算法,也可以采用作图法确定补加球。

11-23　什么叫助磨剂?

在磨矿过程中,使用某些化学添加剂能降低矿物的硬度,或改变矿浆的流变性质,从而提高磨矿效率,在磨机内添加的化学药剂称为助磨剂。

关于助磨剂的研究最初始于20世纪30年代,1931年,列宾捷尔在测定物料硬度时发现固体表面覆有介质薄膜后,其硬度小于表面光滑的固体。于是系统地考察了周围介质对物料破坏过程中力学性能的影响。对水、无机盐、表面活性剂的试验研究结果表明:方解石硬度降低程度与加入物浓度的关系曲线具有吸附等温线特征。他还着重研究了表面活性剂的吸附对降低固体强度的效应。列宾捷尔的这一研究成果,奠定了一门新兴边缘学科——物理化学力学的基础。继此之后,很多研究者先后开展了各种化学药剂对固体力学性能影响的探讨。

1975年第十一届国际选矿会议上发表了前苏联和保加利亚共同对保加利亚乌尔梯若夫矿床铁矿石进行的研究,用低分子脂肪酸做助磨剂,促进了中矿颗粒的解离,有利于选择性磨矿,使铁精矿品位提高1%~1.5%,回收率增加2%~3%;同时还提高了磨矿机的处理能力。1977年在第十二届国际选矿会议上公布了克里帕尔使用助磨剂 XF-4272 的研究结果。他全面地考察了助磨剂与矿浆浓度、矿浆黏度和磨矿速率之间的关系。XF-4272 为一种聚合物,具有分散作用的化合物。该药剂已在美国、智利和加拿大一些铜矿和铁矿完成工业试验。试验结果证明是一种效果好、适应性强,对浮选、脱水直至精矿烧结、团矿均无不利影响的助磨剂。1984 年,伊尔—歇尔撰写的有机药剂助磨剂的作用机理一文中,详细地探讨了十二烷基氯化铵对石英磨细时的作用机理。研究结果表明,在碱性矿浆中,即 pH = 10.5 时,石英磨碎容易,磨矿速度增大,矿浆流动性获得较大改善,但易絮凝。

11-24 助磨剂的作用机理有哪几种?

主要有三种假说。一是由列宾捷尔(Rehbinder)提出:这种假说基于固体表面吸附活性剂以后表面自由能降低的道理。破碎过程中物料的破裂应包括新表面的增加。因此物料破裂所需能量应与增加的表面积的表面自由能成比例。如果表面自由能降低,则增加同样表面积的能耗将有所减少。因此磨矿过程中物料吸附表面活性剂预期能改善磨矿效果;二是由威斯特沃德(Westwood)提出:他主要基于不同助磨剂对晶体和非晶体物料硬度的影响。助磨剂分子在颗粒的吸附降低了颗粒的表面能或者引起近表面层晶格的位错迁移,产生点或线的缺陷,从而降低颗粒的强度和硬度,促进裂纹的产生和扩展;三是"矿浆流变学调节"学说,是由克兰帕尔(Klimpel)等人提出的:助磨剂通过调节浆料(如矿浆)的流变学性质和颗粒的表面电性等,降低浆料(如矿浆)的黏度,促进颗粒的分散,从而提高浆料的可流动性,阻止颗粒在研磨介质及磨机衬板上的黏附以及颗粒之间的团聚。

11-25 助磨剂分为哪几类?

按助磨剂对磨矿环境或物料本身的效应,可将它分为脆化剂、分散剂和表面活性剂三类。按助磨剂添加时的物质状态可分为固体、液体和气体助磨剂;按照物理化学性质可分为有机助磨剂和无机助磨剂。

11-26 碎矿与磨矿各有什么特点?

碎矿及磨矿均属于选矿前的矿料破碎,只不过碎矿属于粒度 5 mm 以上的破碎,作用力以压碎为主。然而,碎矿及磨矿这两个破碎阶段,由于处理矿料的力度范围不同,作用力的形式不同,导致它们破碎的效率大不相同。碎矿处理大块的矿块,矿块在压碎矿机中被夹持于破碎腔内破碎,故破碎属于一种制约性的破碎,破碎的概率高,各种破碎机中的破碎概率大约 50% ~ 100%,破碎概率高,破碎的效率自然高。磨矿处理的是粒度较小的矿粒,而且磨机中的矿粒被破碎时受到的是随机破碎,钢球从磨机内高处落下时可能打着矿粒,也可能打不着矿粒,即使打着矿粒也不一定发生破碎,因为小钢球打到粗块时破碎力不够,因此,磨矿过程中矿粒破碎的概率是很低的,研究表明,球磨机中的破碎概率低于 10%,即磨矿过程中破碎效率是很低的。

11-27 什么叫多碎少磨及以碎代磨,实现多碎少磨的办法有哪些?

既然碎矿的效率高而磨矿的效率低,那么,作为选矿前的矿料破碎,何不增大碎矿的破碎任务而减小磨矿的破碎任务?这于破碎的总体是有利的,因为加大了效率高的碎矿段的任务,而减小了效率低的磨矿段的任务。这就是多碎少磨及以碎代磨的技术实质。再从破碎的能耗规律分析,粗碎的能耗与破碎比的对数成正比,而细磨的能耗则与破碎比减一成正比,二者几乎相差一个数量级。从破碎的能耗规律分析,加大碎矿的破碎任务及减小磨矿的破碎任务也是有理论依据的。多碎少磨是现代碎磨领域推出的最佳技术方案,在国内外选矿厂受到了普遍重视及应用。

为了实现多碎少磨及以碎代磨的最佳技术方案,选矿界采用的办法有如下几种:(1)改开路碎矿为闭路碎矿,进一步降低碎矿最终粒度;(2)增加碎矿的段数,二段改三段,三段的改四段;(3)以棒磨机粗磨(磨至3~5 mm)代替细碎机细碎;(4)采用细碎效果更好的超细碎机,使细碎粒度降低更多。

为了实现多碎少磨及以碎代磨的最佳技术方案,粉碎工作者们进一步研究了碎矿粒度降低至多粗后交给磨矿最为合适的问题。个人研究的出发点不同,研究的方法也不相同,得出的结论也有差异。诺尔斯及法栾特从碎矿和磨矿能耗最低的角度出发,用邦德公式的计算结果作图,得出碎至12.7 mm交给磨矿时碎磨能耗之和最低。苏联研究者则从碎磨成本最低的角度出发测算出大型选厂碎矿最终粒度4~8 mm最好,小型选厂的碎矿最终10~15 mm。李启衡教授提出,应该碎矿与磨矿均兼顾,用生产率平衡的办法确定碎矿的最终粒度。段希祥教授也是从碎矿与磨矿能耗之和最小的角度出发,用数学方法从邦德原式推算出碎至3~4 mm交给球磨的能耗最低。尽管研究的结论不一致,但说明了一点,目前生产中碎矿粒度15~12 mm并不一定是最佳粒度,如能把碎矿最终粒度降至10 mm以下,5 mm以上,对提高磨机生产率均是大有好处的,对碎磨整体也是有利的。

11-28 如何用单位容积生产率计算法计算磨矿机的生产率?

影响磨矿机生产率的因素很多,变化也较大,因此,目前还很难用可靠的理论公式来计算磨矿机的生产率。一般都采用模拟方法确定,即选定实际生产中的磨矿机在较佳条件下工作时的资料作标准,把要计算的磨矿机的工作条件和它比较并加以校正,从而求得近似的结果。在这些工作条件中,没有包括转速,因为他们都是按照产品目录表中规定的,也没有包括装球量、球的配比和矿浆浓度等,认为这些条件可以调整到合适的情况。

苏联及国内有人建议采用七八个修正系数的,但计算更繁,结果也说不上更精确,没有得到广泛承认及应用,这里仍介绍设计部门广泛采用的计算方法。

磨矿机的生产能力,一般是按新生成 -0.074 mm级别计算,计算公式如下

$$q = q_0 K_1 K_2 K_3 K_4 \tag{11-17}$$

及

$$Q = qV = K_1 K_2 K_3 K_4 q_0 V \tag{11-18}$$

式中 q_0——作为比较标准的磨矿机的单位生产率,$t/(m^3 \cdot h)$;

　　q——待计算的磨矿机的单位生产率,$t/(m^3 \cdot h)$;

　　V——待计算的磨矿机的有效容积,m^3;

　　Q——待计算磨矿机的生产率,t/h;

　K_1——可磨性系数;

　K_2——磨矿机类型校正系数;

　K_3——磨机直径校正系数;

　K_4——磨机给矿粒度和产品粒度系数;

$$K_4 = \frac{m_1}{m_2}$$

m_1, m_2——待计算和选作标准的磨机的给矿和产品粒度按新形成 -0.074 mm 级别计算的相对生产能力。

待计算的磨矿机按原矿计算生产率 Q 为：

$$Q = \frac{qV}{\beta_{排} - \beta_{给}} \tag{11-19}$$

式中　$\beta_{排}$——磨矿产物中 -0.074 mm 级别的含量，%；

$\beta_{给}$——给矿中 -0.074 mm 级别的含量，%。

11-29　如何用功指数计算法计算磨矿机的生产率？

这是测定及类推的办法，即实测矿石的功耗指标，然后计算磨机的单位功耗指标及由待处理矿量推算出总功耗，最后从功率上计算磨机。此类办法中用功指数表示功耗指标，所以又叫功指数计算法，此法为美国 F. C. 邦德所首创，在欧美国家广泛应用此种方法。尽管各国或各公司使用的计算法有些不同，但大同小异，实质都是一样的。

功指数计算法，一般包括如下步骤：(1)进行矿石可磨性试验，求出矿石的功指数 W_i。(2)应用邦德公式引入相应的效率校正系数，求出磨矿的单位功耗 W_c。(3)由磨矿单位功耗 W_c 及总处理量 Q 求出磨矿所需的总功率 $W_{总} = Q \times W_c$。(4)根据总功率及制造厂给出的磨机小齿轮轴功率计算磨机数量及规格。(5)根据磨机小齿轮轴输入功率算出电机功率并按电机系列选电机。

11-30　单位容积生产率计算法与功指数计算法相比较的优缺点有哪些？

模拟法试验工作量小，计算简便，但计算磨机与比较标准的磨机比较类似，这比较困难。因而计算结果与生产实际可能有些出入，计算结果尚须用一些实际资料来校核。国内广泛应用此方法几十年，其方法还是可靠的，目前也广泛应用。功指数法试验工作量较大，但它对计算的矿石进行实际的功耗测定，而且从能耗上计算磨机，结果较为可靠，但也有误差，国外一些厂矿的实践说明，功指数计算法算出的磨机容积是偏小的。计算结果也应用实践资料校核。但要采用功指数法计算磨机时，要具备一些必要条件，要解决功指数计算问题；设备制造厂应提供准确的磨机小齿轮的轴功率资料；要增加磨机的规格品种，缩小尺寸间隔，并且长度能根据需要变更；电机功率递增间隔也应缩小，等等。没有这些条件，采用功指数计算磨机也是有困难的，要解决这些问题，今后还应做不少工作。

11-31　在实验室计算功指数有哪几种方法？

(1) 用 F. C. 邦德设计的专用双摆锤式冲击试验机测出矿石的冲击破碎强度 C（单位 ft·lb/in，其中 1 ft = 0.3048 m，1 lb = 0.454 kg，1 in = 0.0254 m），再测知矿石的真比重 Sg，由下式计算矿石的破碎功指数 W_i：

$$W_i = 2.59C/Sg \tag{11-20}$$

(2) 用 $D \times L$ 为 305 mm × 610 mm 的邦德棒磨机测出它每转一转新生成的试验筛孔 P 以下粒级物料重量 G_{rp}(g)，也即棒磨可磨度，再测知给矿及产品中试验筛孔 80% 以下的粒度 F_{80}(μm) 及 P_{80}(μm)，则由下式计算棒磨机功指数 W_{iR}：

$$W_{iR} = 62 \bigg/ \left[(P)^{0.23} (G_{rp})^{0.625} \left(\frac{10}{\sqrt{P_{80}}} - \frac{10}{\sqrt{F_{80}}} \right) \right] \qquad (11-21)$$

（3）用 $D \times L$ 为 305 mm × 305 mm 的邦德球磨机测出球磨可磨度 G_{bp}，即球磨机每转一转新产生的试验筛孔 P_b 以下粒级的物料量，由下式计算球磨机功指数 W_{ib}：

$$W_{ib} = 44.5 \bigg/ \left[(P_b)^{0.23} (G_{bp})^{0.82} \left(\frac{10}{\sqrt{P_{80}}} - \frac{10}{\sqrt{F_{80}}} \right) \right] \qquad (11-22)$$

上述实验室中测得的功指数称为实验室功指数，按式（11-21）计算的功指数与内径 8 in（2.4384 m）的普通溢流型棒磨机开路湿式磨矿的棒磨功指数一致。按式（11-22）所计算的功指数与内径 8 in（2.4384 m）的溢流型球磨机湿式闭路磨矿的球磨机功指数相一致，如果磨机的工作条件不一致，应对计算的功指数加以修正。

还可以由工厂的数据按下式计算磨矿机的操作功指数：

$$W_i = W \bigg/ \left(\frac{10}{\sqrt{P}} - \frac{10}{\sqrt{F}} \right) \qquad (11-23)$$

11-32　什么叫磨矿流程？

在选矿厂中，分级作业和分级返砂所进入的磨矿作业组成为一个磨矿段，所有磨矿段的总和构成磨矿分级流程（简称磨矿流程）。

11-33　磨矿流程选择的因素是哪些？

岩矿与矿石性质的差异与其成因和结构、构造有关。火成岩和某些变质岩的岩石或矿物的结晶之间往往彼此直接联系着，没有夹带其他物质，因而矿块强度大，坚硬而难粉碎；沉积岩中的矿物和岩石颗粒的形状及大小不一，两者胶黏在一起，颗粒之间常含有各种胶结物质，如硅质石灰质或黏土质、白垩等，质软易碎，造岩矿物颗粒之间的接触边缘光滑平整，结合松弛或节理发育的矿石易碎易磨。例如条带状粗粒浸染矿石一般容易解离。如果矿物的接触边缘呈锯齿状或呈细小连生体紧密结合或互相穿插，或形成包裹结构、乳浊状结构、交代残余结构、微细粒结构，或形成同心环带的鲕状结构时，采用一般磨矿使矿物解离较困难；矿石的层理和裂隙发育情况影响其破碎产品的粒度均匀性和解离度；对于中等硬度的粗粒而均匀嵌布的铁矿石，可以采用一段磨矿流程；对于硬度高、有用矿物嵌布粒度细、解理不发育、韧性强的难磨矿石，宜采用多段磨矿流程。

矿石的泥化程度、物质组成及其中有益或有害元素的赋存状态对磨矿流程的选择也有较大的影响。当原矿含泥多或含较多的可溶性盐类而影响浮选过程时，需要在磨矿作业前设置预先分级，除去矿泥。矿石中的有益和有害元素如以类质同象状态结合在一起，则磨矿细度宜适可而止，进一步细磨对降低精矿中有害元素的含量作用不大。

矿石性质对磨矿的影响一般通过其可磨度反映出来。坚硬的矿石一般较难破碎，但不一定难磨，有时较软而易碎的矿石却往往难磨。

如果要求磨矿细度 -200 目占 70% ~ 80%，或者粗磨后需进行选别，则可采用两段一闭路磨矿流程；如要求磨矿细度为 -200 目占 80% ~ 85% 以上，则可用两段全闭路磨矿流程。如果矿石为细粒不均匀嵌布，要求最终磨矿产品粒度极细，需达到较高的解离度，则可采用多段磨矿流程,例如,选矿厂生产供造球用的铁精矿时,往往要求很细的磨矿产品,有时甚至需将精矿在磨至 -325 目占 85% ~90% 。

大型选厂为了取得更好的经济技术效果,可以通过多方案的比较来确定最佳的磨矿流程,必要时,两段或多段磨矿流程都有可能采用。小型选矿厂在处理细粒或粗粒不均匀嵌布的矿石时,有时从经济角度考虑,常常采用简单的一段磨矿流程,以便简化操作和管理,从而降低基建投资和生产成本。

对于有用矿物呈粗细不均匀嵌布或细粒嵌布的矿石,大型选厂常常采用预选,即在粗磨作业之前或以后进行粗粒抛尾,因而采用阶段磨矿流程。例如美国伊里(Erie)选矿厂从棒磨排矿中磁选抛除的尾矿占原矿量的 47% ,我国金山店铁矿选矿厂从 80 ~10 mm 的自磨机的排矿中抛除尾矿 5% ~6% 。对于有用矿物呈细粒嵌布的铁矿石,除仍可用预选抛除粗粒废石外,还可采用细筛再磨流程,适当放粗前段磨矿产品的粒度,粗精矿经细筛再磨之后,精矿品位可大幅度提高,同时也可提高磨矿机的产量。我国南芬、程潮、弓长岭等铁矿选矿厂采用该类流程均取得明显的经济效益。

磨矿试验资料是选择磨矿流程的重要依据。对于常规磨矿流程的结构、性能以及介质的类型和作用,人们已经有了较清楚的认识。但对于不同矿石用不同的磨矿设备,磨矿的效果、生产能力、能耗和钢耗等均无确切的现成规律可循,尤其是在采用自磨流程时,必须事先摸清矿石对自磨的适应情况,自磨介质的适应性基准值越大,则矿石对自磨的适应性越强。如果该值小于 1,则矿石不适于自磨;如果矿石的功指数比率值太小,则说明介质不足。在试验室测定的有关参数进行多方面的综合比较的基础上,进行半工业自磨试验,是合理选择自磨流程的必要途径。

为了选矿厂顺利建设,在进行磨矿流程选择时,还应了解建厂地区的技术、经济和交通地理条件、运输条件,磨矿介质、衬板和电能的来源及价格。此外,选用磨矿流程应兼顾到设备操作管理方面,运转可靠,便于维修检查,并尽量降低粉尘、噪声及电磁波等因素对环境的污染。

总之,影响磨矿过程因素较多,相互之间的关系较复杂,通过常规的研究手段一般很难全面掌握。针对不同矿石性质采用不同的磨矿流程及设备就是增强了磨矿的针对性,会有好的磨矿效果。由于碎矿过程数学模型的建立,电子计算机的应用和发展,国内外正在逐步积累这方面经验。

11-34　影响磨矿段数的因素有哪些?

影响确定磨矿段数的主要因素是:矿石的可磨性和矿物的嵌布特性,磨矿机的给料粒度、磨碎产物的要求粒度、选矿厂的生产规模、分别处理矿砂和矿泥的必要性,以及进行阶段选别的必要性等。实践证明:采用一段或两段磨矿流程,可以经济地把矿石磨到选别所要求的任何粒度,而不必采用更多的磨矿段数。磨矿段数增加到两段以上,通常是进行阶段选别的要求决定的。

11-35　什么叫开路磨矿,在哪些情况下使用?

磨矿作业中,矿料给入磨机经一次磨矿后排出,称为开路磨矿。由于球磨机自身没有控制粒度的能力,所以磨机排矿中既有合格的细粒,也有不合格的粗粒甚至粗块。因此,球磨机不适宜作开路磨矿。棒磨机则有所不同,棒荷之间存在的粗块将优先受到破碎,向上运动的棒荷像若干个格条筛一样,漏下细粒级,夹碎其间的粗粒级,因此,棒磨机具有控制粒度的一定能力,故棒磨机可以开路磨矿。

11-36　什么叫闭路磨矿,在哪些情况下使用?

由于球磨机自身没有控制粒度能力,只有借助磨机以外的分级机来控制粒度,磨机排矿给入分级机,合格的细粒级排出磨矿分级循环,不合格的粗粒或粗块返回磨矿机再次磨碎,称为闭路磨矿。因此,闭路磨矿不合格的粗粒不只通过磨机一次,必须一直磨到合格被分级排出为止。几乎所有的球磨机都必须闭路磨矿,棒磨机可以开路磨矿,也可以闭路磨矿。

11-37　一段磨矿流程有哪几种形式,优缺点是什么?

采用一段磨矿流程时,磨矿机开路工作容易产生过粉碎现象。通常,磨矿机都是与分级机构成闭路循环,常用流程有以下三种,如图 11-2 所示:

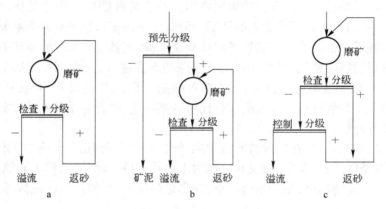

图 11-2　一段磨矿流程

a—带检查分级;b—带预先和检查分级;c—带控制分级

带检查分级的一段磨矿流程是应用最广泛的一段磨矿流程。矿石直接给入磨矿机,给矿最适宜的粒度一般为 6～20 mm。磨矿后的产物进入检查分级分出大部分合格的粒级、不合格的粒级返回磨矿机构成循环负荷。检查分级机与磨矿机闭路工作,一方面可以控制合格产物中的最大粒度;另一方面由于循环负荷的存在,能增加单位时间通过磨机的矿石数量,缩短矿石通过磨机的时间,从而可以减少过粉碎现象,并且能提高磨矿效率。

当处理量含有大量(15%)合格产物的细粒矿石以及有必要将原生矿泥和矿石中所含可溶性盐类预先单独处理时,可采用带预先分级和检查分级的一段磨矿流程。预先分级的目的在于除去磨矿机给矿中粒度合格的产物,从而增加磨矿机的生产能力;或者分出矿泥,以便单独处理。预先分级一般在机械分级机中进行,为了防止机械过分磨损,给矿粒度的上限不应超过 6～7 mm。为了合理地进行预先分级,给矿中合格粒级的含量不小应于 14%～15%。利用预先分级分出来的原生矿泥和可溶性盐类,如果和磨碎产物的性质相差较大,则单独处理能提高选别指标。若无单独处理的必要,则流程中的预先分级作业和检查分级作业可以合并成一个作业。

当要在一段磨矿的条件下得到较细的产物,或者必须利用一段磨矿流程进行阶段选别时,可采用带控制分级的一段磨矿流程。在进行机械分级时,总有一些在粒度上不合格的颗粒不可避免地混入溢流中,采用控制分级可以获得较细的粒级。但是,这种流程中,检查分级溢流的矿量大于原给矿量,需要较大的分级面;同时造成磨矿机的给矿粒度不均匀,合理装球困难,使得磨矿效率降低;并且由于被分出的溢流量变动大,致使分级机工作也不稳定。这些原因限制了控制分级的应用。这种流程和适于细磨与进行阶段选别的两段流程相比较,唯一的优点是可以利用一台磨矿机代替两段流程中所安装的两台磨矿机,但这个优点只在小型选矿厂才有意义。在大型或中型选矿厂总要安装几台磨矿机,因此,在大型或中型选矿厂采用带控制分级的一段磨矿流程是不合理的。

11-38　第一段开路的两段闭路磨矿有哪几种形式,优缺点是什么?

第一段开路的两段磨矿流程中,应用较广的几种形式如图11-3所示。

这类流程的主要优点是:没有溢流的再分级,每个矿粒只通过分级机溢流堰一次,需要的分级面较小;负荷是经过第一段磨矿的排矿直接传给第二段,调节比较简单,能在两段磨矿时得到粒级较细的磨矿最终产物。第一段开路工作的磨矿机以选择棒磨机最为有利,在大型选厂中采用这种流程,可使破碎流程在开路情况下有效地工作。

这类流程的缺点是:为了使开路的磨矿机能有效地工作,必须使第二段磨矿机的容积大大超过第一段磨矿机的容积。由于开路工作磨矿机的排矿粒度较粗,且浓度大,必须用较陡的自流运输溜槽,或专门的机械运输装置,才能将第一段磨矿机的排矿传递给第二段磨矿,配置较复杂,管理也不方便。因此,这种流程只有在大型厂中才有条件采用。

图11-3中流程a和流程b的区别在于,前者的预先分级和检查分级是合一的,后者是分开的。采用后者有可能分出原生矿泥、原矿中所含可溶性盐类,以及第一段磨矿时的易碎部分,它们在单独的循环中选别,可以改善选别效果。但是,由于原生矿泥和易碎部分已从第一段分级机中分出,第二段分级机只处理颗粒物料,这种情况在磨矿产生次生矿泥较少的结晶状矿石时,将会恶化检查分级机的工作。流程c先进行预先分级,只有在含原生矿泥较

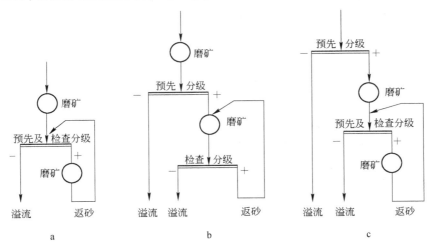

图 11-3　第一段开路的两段磨矿流程

多并有分出单独处理的必要时,才予采用。

由于这类流程没有溢流的再分级,不易得到较细的产物,产物中 – 200 目粒级的平均含量只能达到 65% 左右。需要得到更细的磨矿产物时,应采用第一段全闭路的两段磨矿流程。

11–39 第一段完全闭路的两段闭路磨矿有哪几种形式,优缺点是什么?

第一段完全闭路的两段磨矿流程是常用的两段磨矿流程。常见的流程形式如图 11–4 所示。

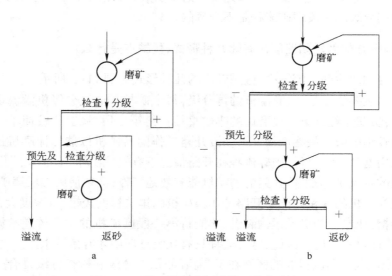

图 11–4 第一段完全闭路的两段磨矿流程

这种流程常用于处理硬度较大,嵌布粒度较细的矿石,以及在要求磨矿细度达 0.15 mm 以下大型和中型选矿厂。采用这种流程时,磨矿细度能达 – 200 目占 80% ~ 85%。

正确地分配第一段和第二段磨矿机的负荷,是使磨矿机达到高产的重要条件。如果第一段分出过细的产物,则第二段磨矿机将出现负荷不足,使磨矿机的总生产能力降低。如果在第一段分出过粗的产物,将使第一段负荷不足,第二段负荷过多,同样会降低磨矿机的总生产能力。两磨矿段间负荷的合理分配,可由适当控制第一段分级机的溢流浓度来达到,实际上溢流浓度的改变系借溢流浓度进行调节。

该类型流程的缺点是:两段之间的负荷调节困难;不能得到大于 0.2 mm 的最终产物,因为要在第一段分级机中得到粗粒溢流,会使该分级机不能有效地工作;由于全部矿石需两次通过溢流堰,所需的总分级面大,设备投资较高。

该流程的优点是:可能达到的磨矿细度比其他流程均高,可以实现细磨;设备的配置比第一段开路简单,因为第一段闭路时的负荷是通过分级的溢流传递给第二段的,可用较小坡度溜槽来输送溢流,因此两段的磨矿机可以安装在同一水平上。

图 11–4 中流程 a 和 b 的区别仅在于第二段的分级,前者的预先分级和检查分级是合并的,后者是分开的。采用流程 b 时,原生矿泥和矿石中的易碎部分不再进入第二段的检查分级机,对于产生次生矿泥的矿石,第二段分级机的工作可能不稳定,因而会降低分级效率。

采用流程 a 时,当破碎车间的最终产物粒度减小时,磨矿机的生产能力会有所增加,这时分级机可能成为磨矿车间的薄弱环节。在这种情况下,可以改用流程 b,或安装补充的中间分级机。

11-40　第一段局部闭路的两段闭路磨矿有哪几种形式,优缺点是什么?

局部闭路的常见流程形式如图 11-5 所示。

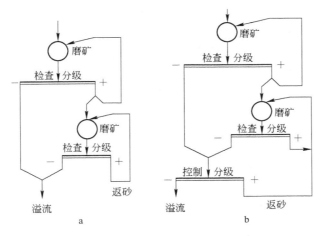

图 11-5　第一段局部闭路的两段磨矿流程

局部闭路流程的优点是:各磨矿段的负荷调整比较简单;各段均可得到任何数量的循环负荷;可得到比两段闭路磨矿流程产物较粗的最终产物,可以避免贵重金属聚集于磨矿的循环中。

局部闭路流程的缺点是:返砂从第一段运输到第二段,需要用坡度大的溜槽或采用运输机械;第二段磨矿的检查分级,在处理产生少量的次生矿泥的矿石时,会引起分级机工作的困难。

图 11-5 中,流程 a 的每一矿粒只通过分级溢流堰一次,需要的分级面不大,但却难于得到较细的最终产物。流程 b 中溢流经过了控制分级,能得到较细的最终产物,但需要安装大量的分级机。

由于多段磨矿流程配置复杂,调整困难。只有当处理嵌布非常复杂的矿石,为了避免由于矿物的大量泥化,必须在其解离后立即选出来时,亦即需要多段选别时,方予以采用。

11-41　一段磨矿与两段磨矿相比较优缺点是什么,其适用范围为哪些?

一段磨矿流程与两段磨矿流程相比较,一段磨矿流程的主要优点是:分级机的数目较少,投资较低;生产操作容易,调节简单;没有段与段之间的中间产物运输,多系列的磨矿机可以摆在同一水平上,因而设备的配置较简单;不会因一段磨矿机或分级机的停工而影响另一磨矿段的工作,停工损失小;各系列可以安装较大型的设备。一段磨矿流程的缺点是:磨矿机的给矿粒度范围很宽,合理装球困难,磨矿效率低;一段磨矿流程中的分级溢流细度一般为 -200 目占 60% 以下,不易得到较细的最终产物。还有,磨矿产品粒度组成不太好,不利于选别。

根据上述特点,凡是要求最终磨碎产物粒度大于 0.2 ~ 0.15 mm(- 200 目占 60% ~ 72%)时,一般都应该采用一段磨矿流程。在小型选矿厂中,为了简化磨矿流程和设备配置,当磨矿细度要求 - 200 目占 80% 时,一般都应该采用一段磨矿流程。

两段磨矿流程的突出优点是可以在不同的磨矿段分别进行矿石的粗磨和细磨。两个磨矿段又可分别采用不同磨矿条件:粗磨时,装入较大的钢球并采用较高的转速,有利于提高磨矿效率;细磨时,装入较小的钢球和采用较低的转速,同样能提高磨矿效率。

两段磨矿流程的另一个很大的优点是适于阶段选别。在处理不均匀嵌布矿石及含有大比重矿物的矿石时,在磨矿循环中采用选别作业,可以及时地将已单体解离的矿物分选出来,防止产生过粉碎现象,有利于提高选矿的质量指针;同时可以减少重金属矿物在分级返砂中的聚集,能提高分级机的分级效率。

因此中型和大型选矿厂,当要求磨矿细度小于 0.15 mm 时,采用两段磨矿较经济。此时,磨碎每吨矿石的电能消耗较少;磨矿产物的粒度组成比较均匀,过粉碎现象少,能提高选别指标。两段磨矿的缺点是两段负荷不易平衡,操作较复杂。

11-42 矿石自磨的流程有哪几类?

按矿石自磨的磨矿段数,工艺调整方法或强化手段的不同,可分为如下几类:

(1)全自磨流程

1)一段全自磨。是将开采出来的矿石,从原矿或经过粗碎后,直接给入自磨机,利用给入矿石本身作为磨碎介质,一次磨到选别要求的合格粒级。

2)两段全自磨。矿石经过第一段自磨后,再给入第二段砾磨机进行细磨,直至达到合格的粒级。

(2)半自磨流程

1)一段半自磨。为了强化磨碎过程,在一段自磨中添加一定量钢球介质。

2)两段半自磨。在两段磨矿中,第一段采用自磨,第二段采用球磨。或者,第一段也是半自磨,第二段采用球磨。

(3)中间自磨流程

原矿经粗碎以后,从中筛出部分粗粒级,作为自磨的磨碎介质。其余粗碎产物继续进行中、细碎,破碎到相当于一般球磨机的给矿粒度后,给入自磨机进行自磨。

另外,根据自磨回路中有无粒度控制设施,或粒度控制设施的形式不同,又可将每段自磨流程分别称为开路、闭路和半闭路自磨三种方式。

11-43 一段自磨流程有什么特点?

当磨碎中硬以下矿石,磨碎产品粒度要求较粗,- 200 目占 60% 左右,可采用一段闭路自磨流程。

为了控制自磨产品的粒度,一段自磨均成闭路,且除了设有检查分级外,一般还设有控制分级的设备,用作检查分级的设备有圆筒筛、振动筛、弧形筛、螺旋分级机等,作为控制分级的设备。除个别采用螺旋分级机外,多数为水力旋流器。

一段自磨流程的特点是,工艺流程简单,配置简单,能充分发挥自磨技术的特点。

11-44　两段自磨流程有什么特点?

当要求磨矿产品细度为-200目占70%以上时,应采用两段自磨流程。两段自磨时,第一段自磨机可在闭路条件下工作,也可开路工作。第二段磨矿可采用球磨,亦可采用砾磨,但两者一般都在闭路条件下工作。

采用两段全自磨与第二段用球磨的两段半自磨相比,在大多数情况下,前者是经济的。因为可以从湿式自磨机排矿格子板上开设砾石窗,使部分砾石从中排出,既部分地解决了砾磨所需介质,也同时排出了难磨粒级,提高了自磨机的处理量。但这种流程也存在一些缺点:(1)自磨工序前往往需设计从破碎产物中分取砾石的办法,这就使得流程复杂化;(2)由于砾磨产物较球磨产物粗,应采取措施将不适宜选别的粗粒级分出,较粗者返回自磨机,较细者返回砾磨机,这也使流程复杂化;(3)因为同规格的砾磨机的产量较球磨机小 $7.8/\delta_{\mathrm{p}}$ 倍。这就增加了基建投资的费用,但这一点可由节省了金属介质的消耗部分补偿。

11-45　中间自磨流程的特点及作用如何?

中间自磨流程的特点是,将自磨的难磨粒级(即 30~70 mm 的临界颗粒)先用破碎的方法排出,以达提高自磨效率的目的。根据一般资料介绍,可提高自磨效率25%~50%。不难看出,由于中间自磨流程既和传统的破碎流程有相似之处,又具有自磨的某些优越性,因此,它为传统破碎流程的改造提供了依据。另一方面,由于它增加了中、细碎作业,流程复杂,投资大,相应带来洗矿、贮运等一系列问题,抵消了自磨技术的一些优点,故在新设计厂矿中较少采用。

11-46　磨矿作业自动控制系统的主要参数有哪些?

磨矿作业自动控制系统的主要参数主要包括:

(1)功率。与磨矿机的转速率、矿浆浓度、磨矿介质充填率、衬板形状等有关。自磨机的负荷变化可采用功率信号或轴压信号反映。

(2)声音。声音强度与介质运动状态和球料比有关,它可表示磨矿机负荷大小。测定时需要将某些无关的声音滤掉。

(3)新给矿量。在给矿皮带上安置传感器(电子秤或核子秤),传递和记录负荷质量,并用来控制磨矿机磨矿加水量。

(4)水力旋流器的料浆泵池的液位。该液面的高低可表示闭路磨矿的循环负荷的大小,并用来控制砂泵的流量。液位可用超声波、原子吸收、压差及浸入料浆的吹泡管的压力等方法测出。

(5)矿浆流量。可用矿浆流量计测定。通过矿浆容重和体积流量计算而测出矿浆的质量流量,用以控制浮选药剂添加量和计算磨矿系统的质量平衡表。体积流量用磁性流量计测定。

(6)pH 值。用标准电极测定,矿浆的 pH 值对金属氢氧化物形成胶体颗粒产生影响,而胶体颗粒的数量又影响矿浆浓度和分级作业。

(7)给水量。影响磨矿浓度和磨矿效率。

(8)矿浆浓度。用浓度计测定。

(9)磨矿产品粒度。用粒度传感器测定。

11-47 磨矿过程中能量损失包括哪几个方面?

磨机电动机从电网上接受电能,在电动机内出现第一次电能损失。电动机带动传动装置(通常是减速器),传动装置带动磨机筒体转动,变成筒体的机械能,在传动装置内出现第二次能损失,磨机筒体再带动磨机内的钢球运动,将能量传给钢球。钢球到一定高度落下或滚下,对矿石做功,变成矿石的变形能,变形至极限而产生破碎。矿石破碎后形成新生的表面能,钢球的能量在破碎中大量损失,或者形成无效打击能,摩擦损失,光能损失,声能损失或者矿石的变形损失能。这些损失能大部分损失在周围的介质空间——矿浆内,真正生成新生表面积的表面能是不多的。因此,磨矿过程是个功能转变过程。能量损失示意图见图11-6。

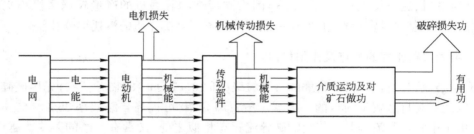

图 11-6 磨矿过程能耗示意图

磨矿过程中输入电动机的电能前面已分析过,消耗在如下几个方面:

(1)电动机本身的损失,约占总电能的10%,这与电机本身的制造质量及效率有关。

(2)机械摩擦损失,即克服构件的摩擦使筒体旋转所消耗的功率,这个摩擦损失与磨机的轴颈和轴承的构造,传动方式,以及润滑情况有关并与转速成正比,大致占总电能的10%~15%。

(3)有用功率,用来使磨矿介质运动从而发生磨矿作用所消耗的功率,其大小与磨矿介质的重量和磨机转速有关,约占总电能的75%~80%。在磨矿中,此部分能量多在转变中呈热能逸散损失,生产中磨机排矿的矿浆湿度较给矿高出5~10℃以上就是一个例证。

11-48 磨机有用功率的经验公式有哪些?

磨机有用功率的确定方法很多,而且一直有所争论和补充,其实用性的说法不一,难于定论,常见的有如下几个:

(1)列文逊从基本理论出发,推出磨机消耗的功率 N[单位:马力(hp),1 hp = 745.7 W]为

$$N = 9.2Q\sqrt{D} \qquad (11-24)$$

式中　Q——球的装入量,t;

　　　D——球磨机内径,m。

上式是根据球磨机转速 $n = \dfrac{32}{\sqrt{D}}(\psi = 76\%)$ 时得出的,其中包括提升球的功能及摩擦损失。

(2)布兰德经验公式为

$$N = CQ\sqrt{D} \qquad (11-25)$$

此经验公式也是 $n = \dfrac{32}{\sqrt{D}}(\psi = 76\%)$ 时得出的,式中的 C 与球荷充填率有关,其值可按表 11-4 选取。

表 11-4　不同球荷充填率时常数 C 之值

球	充　填　率				
	0.1	0.2	0.3	0.4	0.5
大钢球	11.9	11.0	9.9	8.5	7.0
小钢球	11.5	10.6	9.5	8.2	6.8

（3）F. C. 邦德经验公式

对棒磨机

$$K_{wr} = 1.752 D^{1/3}(6.3 - 5.4 V_p) C_s \tag{11-26}$$

对球磨机　　$$K_{wb} = 4.879 D^{0.3}(3.2 - 3 V_p) C_s \left[1 - \dfrac{0.1}{2^{(9-10C_s)}}\right] + S_s \tag{11-27}$$

式中　K_{wr}, K_{wb}——分别为每吨钢棒及钢球所需功率,kW;

　　　　D——磨机内径,m;

　　　　V_p——介质充填率,%（用小数形式参算）;

　　　　C_s——磨机转速率（用小数形式参算）;

　　　　S_s——球径影响系数,对内径大于 3.0 m 时,球的最大直径对功率的影响为:

$$S_s = 1.102 \left(\dfrac{B - 12.5D}{50.8}\right) \tag{11-28}$$

对内直径小于 3.0 m 时,球的最大直径对功率的影响为:

$$S_s = 1.102 \left(\dfrac{B - 45.72D}{50.8}\right) \tag{11-29}$$

式中　B——最大球径,mm。

11-49　泻落式工作下磨机有用功率的理论公式如何计算?

φ 为装球率,$D(=2R)$ 为磨机的内直径（m）,L 为磨机的内长度（m）,δ 为钢球的堆比重（t/m³）,G 为球荷重量,则泻落式工作下磨机有用功率的理论公式为:

$$N = 4.62 \dfrac{G}{\varphi} \sqrt{D} \sin^3 \dfrac{\Omega}{2} \psi \sin\theta \tag{11-30}$$

球荷的偏转角 θ 取决于磨机的转速率 ψ、装球率 φ 和摩擦系数 f。后者标志着磨矿机内摩擦力的大小,其值可用理论公式求得。

11-50　泻落式工作下磨机有用功率与装球率和转速率有何关系?

如磨矿机的直径、长度及其转速率皆为一定,且转速率 ψ 一定时钢球上升到一定的高度,故标志其位置的偏转角 θ 可看为常数,这时只有装球率 φ 影响功率消耗。而装球率 φ 决定于球荷偏转时所对的圆心角（Ω）,所以只有 $\sin^3 \Omega$ 才影响所消耗功率的大小。在 $\varphi = 100\%$ 时,$\Omega = 360°$,$\sin^3 \Omega = 0$,故 N 为零。而当 $\varphi = 0$ 时,N 亦为零,到了 $\varphi = 50\%$ 时,$\Omega =$

$180°$，$\sin^3 \dfrac{\Omega}{2}$ 有最大值，磨矿机的功率消耗也达到最大值，这时就产生最大的磨碎功，磨矿效果也就最好。因此，把装球率提高到 50% 以上是不合理的，生产实践中的装球率都在 50% 以下，正是这个道理。

当磨矿机的直径、长度及装球率皆为一定时，$N = 4.62 \dfrac{G}{\varphi} \sqrt{D} \sin^3 \dfrac{\Omega}{2} \psi \sin\theta$，有用功率是与 $\psi \sin\theta$ 的乘积成正比，显而易见，最初是有用功率随磨机转速的增加而增加的程度较慢，到了后来，随着转速率的提高，有用功率增加的幅度就较为显著。

11-51　泻落式工作下磨机有用功率与磨机直径有何关系？

当装球率和转速率保持一定时，不同尺寸的球磨机的圆心角(W)和偏转角(q)保持不变，
$$N = KD^{2.5} L \tag{11-31}$$
式中，K 为综合成的系数，其值为 $K = 3.62\delta \sin^3 \dfrac{\Omega}{2} \sin\theta$。

此式表明，磨矿机所需的有用功率与筒体直径的 2.5 次方和长度成正比。

11-52　抛落式工作下磨机有用功率的理论公式如何计算？

抛落式工作下磨机有用功率的理论公式可由下式计算：
$$N = 0.864 \dfrac{G}{\varphi} \sqrt{D} \psi^3 \left[9(1 - K^4) - \dfrac{16\psi^4}{3}(1 - K^6) \right] \tag{11-32}$$

应用上式计算抛落式工作状态时的有用功率，由于 K 值是随不同的 ψ 值和 φ 值而变化的，可由已算好的表 10-1 中查找。

11-53　抛落式工作下磨机有用功率与装球率和转速率有何关系？

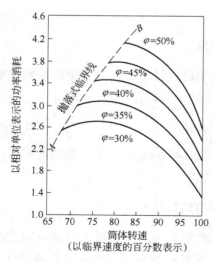

图 11-7　在不同筒体转速率和不同装球率下磨矿机所需的有用功率

根据公式(11-32)，算出磨机在不同转速率和装球率下作抛落式工作所消耗的有用功率，从而绘出理论曲线如图 11-7 所示。

(1) 随着转速率(ψ)的增加，到一定程度，钢球即由泻落状态转变为抛落状态，但转变点随充填率不同而异。线 AB 即泻落与抛落的界限，当转速率(ψ)超过 AB 线的横坐标时，钢球的运动即进入抛落状态。

(2) 随着转速率(ψ)和装球率(φ)的增加，有用功率也逐渐增加，到一定转速率时，有用功率达到最大值。装球率越多，达到有用功率极大值所需的转速率也越高。

(3) 当转速率为临界转速的 78% ~ 84% 时，有用功率开始下降，当所有的球都离心化时，磨矿机的有用功率就等于零。

12　磨矿机械

◆▆◆

12-1　磨矿机有哪几种类型?

　　工业生产中运用的磨机多种多样,分类的方法也是多种多样,常见的分类方法有如下几种:

　　(1) 按磨机内装的介质种类不同而分为:1)球磨机;2)棒磨机;3)自磨机;4)砾磨机。球磨机中以钢球作磨矿介质。棒磨机中以钢棒作磨矿介质。自磨机中以矿块作介质,矿石既是被磨的对象也是磨矿的介质,让矿石自身磨碎自己。砾磨机中以一定尺寸的同种矿块作介质,定期不断添加介质块。砾磨机中早先也曾专门从河滩上捡一定尺寸的卵石作介质来磨碎矿石。

　　(2) 按磨机的排矿方式不同而分为:1)溢流排矿磨机;2)格子排矿磨机;3)筒体周边排矿磨机。

　　(3) 按磨机筒体长度(L)与直径(D)之比不同而分为:1)短筒形磨矿机$\left(\dfrac{L}{D} \leqslant 1\right)$;2)长筒形磨矿机$\left(\dfrac{L}{D} \geqslant 1 \sim 1.5\ 甚至\ 2 \sim 3\right)$;3)管磨机$\left(\dfrac{L}{D} \geqslant 3 \sim 5\right)$。

　　(4) 按磨机筒体形状不同可分为:1)圆筒形磨矿机;2)圆锥形磨矿机。

　　但生产中也常采用联合分类的方法,如方法(1)与(2)联合,可称为格子型球磨机,溢流型球磨机,中心排料棒磨机,周边排料棒磨机。方法(3)与方法(1)联合,可称为短筒形球磨机,长筒形球磨机,圆锥形球磨机等。

12-2　格子型球磨机的构造与排矿方式是什么?

　　各种规格格子型球磨机的构造基本相同,这里用沈阳重型机厂出产的($D \times L$)2700 mm×3600 mm 格子型球磨机为例进行说明。

　　图 12-1 为 2700 mm×3600 mm 格子型球磨机总图。

　　球磨机的筒体 1 用厚为 18~36 mm 的钢板卷制焊成,筒体两端焊有铸钢制的法兰盘 2,端盖 7 和 12 连接在法兰盘上,二者需精密加工及配合,因为承担磨矿机重量的轴颈焊在端盖上。在筒体上开有供检修和更换衬板用的人孔盖 5。

　　筒体内装有衬板,衬板厚约 50~150 mm,与筒体壳之间有 10~14 mm 的间隙,用胶合板、石棉板、塑料板或橡皮铺在其中,用来减缓钢球对筒体的冲击及减少工作噪声。衬板 3 用螺钉 4 固定在筒壳上,下面有橡皮环及金属垫,以防止矿浆漏出。

　　给矿端的端盖内侧铺有平的扇形锰钢衬板 9。在中空轴颈内镶有内表面为螺旋叶片的轴颈内套 10,内套既可保护轴颈不被矿石磨坏,又有把矿石送入磨机内的作用,因螺旋叶片方向与磨机转向一致。联合给矿器 8 就固定在轴颈内套的端部。

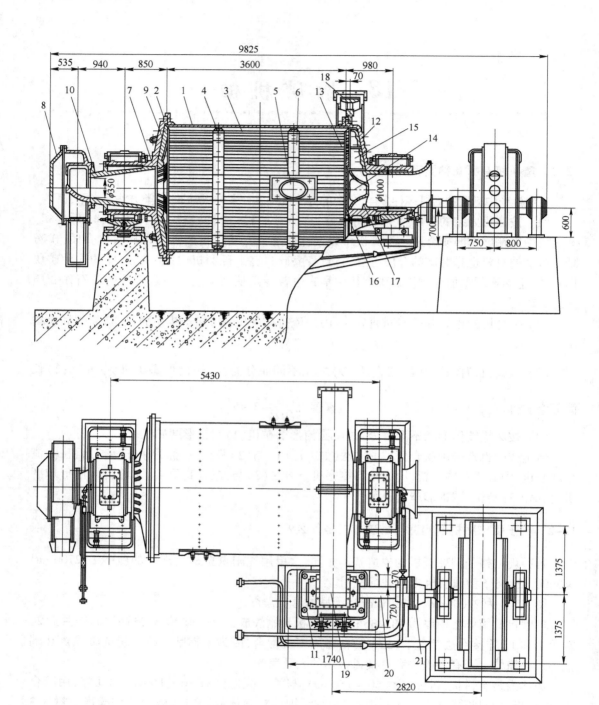

图 12-1 2700 mm×3600 mm 格子型球磨机

1—筒体;2—法兰盖;3—衬板;4—螺钉;5—人孔盖;6—压条;7—中空轴颈端盖;8—联合给矿器;9—端衬板;
10—轴承内套;11—防尘罩;12—中空轴颈;13—格子衬板;14—中心衬板;15—簸箕形衬板;
16—中心衬板;17—轴承内套;18—大齿轮;19—小齿轮;20—传动轴;21—联轴节

　　格子排矿端如图 12-2 所示。在排矿端的带有中空轴颈的端盖内,装有轴颈内套和排矿格子,排矿格子由中心衬板、格子衬板和簸箕形衬板等组成。在端盖内壁上铸有 8 条放射状的筋条,将端盖分成 8 个扇形室,每室内安有簸箕形衬板和格子衬板。簸箕形衬板用螺钉固定在端盖上。格子衬板目前有两种结构形式:一种是两块合成一组,有楔铁压紧,楔铁则用螺钉穿过筋条固定在端盖上,中心部分用中心衬板止口托住,以免它们倾斜和脱落;另一种是把两块改成一块,用螺钉固定。格子衬板上的孔是倾斜排列的,孔的宽度向排矿端逐渐扩大,可以防止矿浆倒流和粗粒堵塞。中心衬板是星形的,它由两块组成,用轴钉固定在筋条上。矿浆在排矿端下部通过格子板上的空隙流入扇形室,然后随筒体转到上部并沿孔道排出。中空轴颈内镶有耐磨内套,内套内有螺纹,帮助矿浆排出。细纹方向与磨机转向一致。轴颈一端制成喇叭形叶片,便于引导矿浆顺叶片流出。

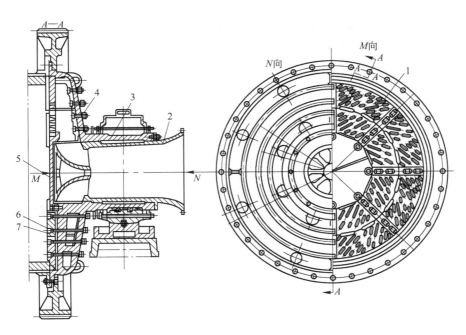

图 12-2　格子排矿端及端盖
1—格子衬板;2—轴承内套;3—中空轴颈;4—簸箕形衬板;5—中心衬板;6—筋条;7—楔铁

　　球磨机的主轴承采用自动调心滑动轴承,如图 12-3 所示,轴承座是凹形球面,下轴瓦内表面铸有巴氏合金,外表面做成凸出的球面,两者成球面接触,避免中空轴颈和轴瓦形成局部接触。为防止轴瓦转位过大从轴承座中滑出,在轴承座和轴瓦的球面中央放一圆锥销钉。轴承采用稀油站润滑,油流经泵压入主轴承和传动轴承中,然后排到轴承底部的排油管路,再流回油箱。如有必要,轴承上装冷却管道。对小型或中型磨矿机,则采用油杯滴油或油环自动润滑。

　　球磨机的传动方式(见图 12-1)是用低速同步电动机通过联轴节 21 使小齿轮 19 转动的,并啮合固定在筒壳上的大齿轮 18 而使筒体转动。为防止灰尘落入齿轮副中,用防尘罩将它密封。对于中小型球磨机可以用异步电动机及减速器传动。

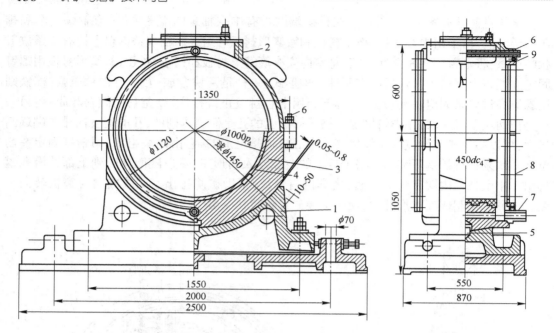

图 12-3 主轴承的构造

1—轴承座;2—轴承盖;3—轴瓦;4—巴氏合金层;5—圆柱销钉;6—电阻栓;7—排油管;8—防尘密封压环;9—毡垫

12-3 溢流型球磨机的构造与排矿方式是什么?

溢流型球磨机的构造如图 12-4 所示。由图可见,它的构造比格子型简单,除排矿端不同外,其他都和格子型球磨机大体相似。溢流型球磨机因其排矿是靠矿浆本身高

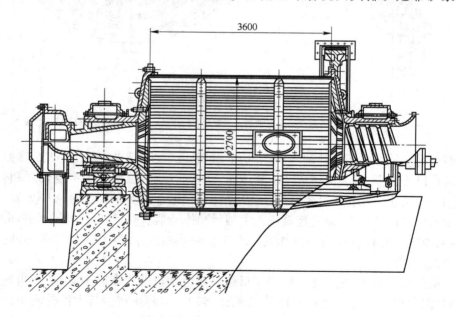

图 12-4 2700 mm×3600 mm 溢流型球磨机

过中空轴下边缘而自流溢出,无需另外装置沉重的格子板。此外,为防止球磨机内小球和粗粒矿块同矿浆一起排出,故在中空轴颈衬套的内表面镶有反螺旋叶片起阻挡作用。

12-4 格子型球磨机与溢流型球磨机的性能及运用场合是什么?

格子型球磨机是低水平强制排矿,磨机内储存的矿浆少,已磨细的矿粒能及时排出。因此,比重较大的矿物不易在磨机内集中,过粉碎比溢流型的轻,磨矿速度可以较快。格子型球磨机内储存的矿浆少,且有格栅拦阻,就可以多装球,并便于装小球。磨机可以获得较大功率。磨机内钢球下落时,受矿浆阻力使打击效果减弱的作用也较轻,这些原因使格子型磨机的生产率比溢流型磨机的高。溢流型与同规格的格子型相比,生产率小 10% ~ 25%。尽管格子型的功率消耗也比溢流型约大 10% ~ 20%,但因生产率大,所以按 $t/(kW \cdot h)$ 计的效率指标可能还是较高。因为格子型球磨机有上述优点,所以在很多一段磨磨矿的选厂多采用格子型球磨机,在两段磨磨矿的选厂中一段磨均采用格子型球磨机。还有的选厂将溢流型磨机改为格子型磨机。

溢流型球磨机构造简单,管理及检修均比较方便,价格也低,用于细磨时比格子型好,所以用它的选厂也多。可以认为,当需要磨到 0.208 ~ 0.295 mm(48 ~ 65 目)左右的均匀粗粒产物时,格子型球磨比较好;当要磨到 0.074 ~ 0.104 mm(150 ~ 200 目)的细产物时,宜用溢流型球磨机;当需要进行两段磨矿时,第一段用格子型,第二段用溢流型;当需要进行粗精矿再磨时,宜采用溢流型球磨机。

12-5 棒磨机的构造及排矿方式是什么?

棒磨机的与溢流型球磨机大致相同。所用磨矿介质为长圆棒。棒的长度应比筒体长度短 30 ~ 50 mm。为保证棒在棒磨机内有规则的运动和落下时不互相打击而变弯曲,在结构上应与球磨机略有不同。棒磨机的锥形端盖曲率较小,内侧面铺有平滑衬板,筒体上多采用不平滑衬板,排矿中空轴直径比同规格球磨机一般要大,其他部分与同类型球磨机基本相同。溢流型棒磨机的构造如图 12-5 所示。由图可知,其特点是排矿中空轴颈的直径比同规格溢流型球磨机大得多,这是为了降低矿浆水平和加速矿浆通过棒磨机速度。大型棒磨机的排矿口可达 1200 mm。

12-6 棒磨机的工艺特点有哪些?

棒磨机的工艺特点是产物粒度较均匀,含粗大粒和矿泥较少。棒磨机产物和球磨机产物的粒度特性比较如图 12-6 所示。由图可见,开路工作的棒磨机的产物粒度特性曲线和闭路工作的球磨的几乎一样。棒磨机有选择性破碎粗粒及选择性保护细粒的作用,产品粒度均匀,这都源于棒在破碎中的工作特性。球磨机的选择性破碎作用差,产品粒度不均匀,过粗的及过细的均多。

12-7 棒磨机中棒的运动及磨矿作用是什么?

棒磨机中棒的磨矿作用有压碎,击碎及研磨。棒向下滑落时对磨机内的矿料产生压碎

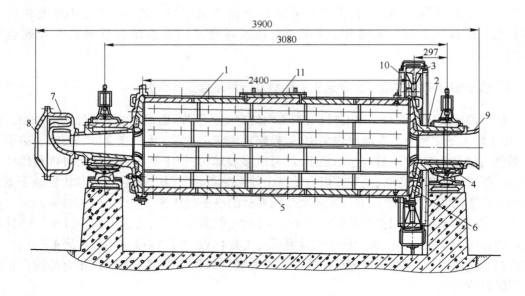

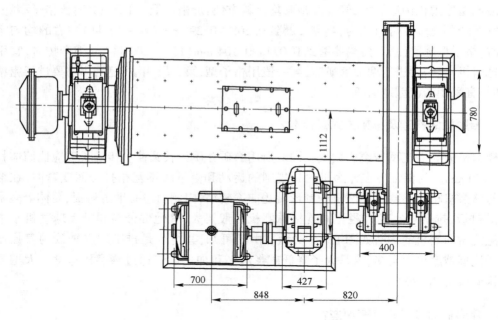

图 12-5 溢流型棒磨机

1—筒体;2—端盖;3—传动齿轮;4—主轴承;5—筒体衬板;6—端盖衬板;
7—给矿器;8—给矿口;9—排矿口;10—法兰盘;11—检查孔

及击碎作用,棒上升及下滑过程中,产生研磨。两根平行的棒相对滚动时,将其中夹的矿料夹碎及研磨,就像对辊机中的破碎一样。因此,整个棒荷就像若干的对辊机。棒的破碎作用是"线接"破碎,它会优先破碎夹于棒间的粗块,而对其间的细粒起保护作用。因此,棒磨机具有选择性破碎粗粒及选择性保护细粒的选择性磨碎作用。由于这样,棒磨机的产品粒度较为均匀,而且过粉碎较轻。

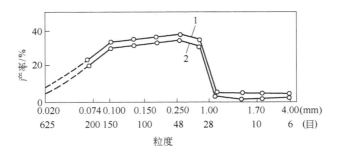

图 12-6　某铅锌矿浮选厂棒磨机与球磨机产物粒度特性比较
1—开路操作的棒磨；2—闭路操作的球磨

12-8　棒磨机的性能及运用范围是什么？

根据棒磨机的破碎特性，可以得出棒磨机的应用范围是：(1)钨锡矿和其他稀有金属矿的重选厂或磁选厂，为了防止有价矿物过粉碎，常在粗磨阶段采用过粉碎轻的棒磨机。(2)在某些情况下可以代替短头圆锥破碎机作细碎。当处理较软的或不太硬的矿石，尤其是含泥较多黏性大的矿石，用短头圆锥破碎机细碎时，不仅粉尘大而且易造成细碎机阻塞，若采用棒磨机代替细碎，可以将 20～30 mm 的矿石磨碎到 1.651～3.327 mm(6～10 目)，既使成本低，也使细碎除尘简化。此情况若采用短头圆锥与筛子闭路磨矿时，投资既大，细碎阻塞也严重。对于硬矿石时，采用棒磨还是短头圆锥机加筛子闭路，必须根据具体情况制定方案加以比较才能确定。(3)棒磨机用于粗磨时，产品粒度 3～1 mm，棒磨机的生产能力比同规格的球磨机大，但当棒磨机用于细磨，磨碎粒度 0.5 mm 以下，棒磨机的生产能力不如同规格的球磨机大。

12-9　何为矿石自磨，自磨的发展历史怎样？

所谓矿石自磨，就是以矿石作为磨矿介质而磨碎矿石。传统的碎磨方法流程长，设备多，而且大量耗费钢材，因此出现了企图在一台磨矿机中将原矿磨至选别粒度的想法，并且用矿石自相磨细，不用钢球。这些想法最早出现于 20 世纪初期，而且研究工作一直未断线。二次世界大战中钢材价格猛涨曾刺激了矿石自磨的研究，但自磨一直未取得突破。直到 50 年代，美国哈丁公司将自磨机直径大幅度放大以后自磨机的生产能力能满足工业生产要求，这才使自磨取得突破，进入工业生产。自磨机进入工业生产后，许多问题进一步搞清楚了，例如，自磨机企图处理原矿是不可能的，自磨前面还必须加粗碎；自磨要想一次将矿料磨得很细，虽然技术上可行，但经济上不划算，所以自磨机后还必须加球磨机细磨，即自磨机能取代中碎、细碎及粗磨三个作业，自磨前面必须保留粗碎，后面必须保留球磨。同时还发现，自磨中会出现顽石积累，为了消除顽石积累的影响，往自磨机中加容积 1%～2% 的大钢球仍是必要的。20 世纪 60 及 70 年代，自磨机和传统的碎磨设备一样也向大型发展，自磨机直径增大到 10 m、12 m，甚至设计了 15 m 的自磨机。同时，此期间自磨技术也在不断变化、不断发展及不断完善。50 年代时干式自磨占优势，但发现干式自磨下分级管路的磨穿及防尘问题无法从根本上解决，故湿式自磨取代了干式自磨，60 年代湿式自磨获得普遍应用，干式自磨只在无水地区或需要干产品的特殊情况下才考虑应用。70 年代，自磨由过去铁矿上应用得多而扩展至有色金属矿。同时开始出现半自磨,即在自磨机中加磨机容积7%~15%的钢球,以保证自磨机的破碎能力及对矿石性质变化的适应性。可以说,目前矿石半自磨已成为矿石自磨的主要形式,纯自磨很少见用。

12–10 自磨机的构造有何特点?

这里选择目前用得最多的湿式半自磨机为代表进行说明。国内的自磨机规格很小,最大的也不过7.5 m的直径,国外的自磨机规格大,一般直径均在8 m以上。但作为构造均大同小异,这里,任选一台湿式自磨机进行介绍。图12–7是$(D \times L)$5500 mm×1800 mm湿式自磨机的结构示意图。

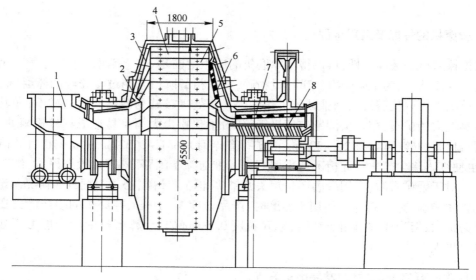

图12–7　$(D \times L)$5500 mm×1800 mm湿式自磨机结构示意图

1—给矿小车;2—波形衬板;3—端盖衬板;4—筒体衬板;5—提升衬板;6—格子板;7—圆筒筛;8—自返装置

自磨机的径长比D/L通常大于3,采用很大的直径是为了使矿块有大的下落高度,保证有足够的破碎力。磨机长度短有利于减少筒内给矿端及排矿端的粒度差及矿块离析。端盖设计成锥形,有利于对矿块进行反射作用,防止矿块离析,使矿块混匀。端盖与中空轴颈相接处安装一组三角形断面的波形衬板。波形衬板一是破碎粗块,二是搅动矿料,使矿块混匀。在排矿端盖上装有与格子型球磨机类似的格子板,以控制排矿;此外,在中空轴颈内同心安装着一个圆筒筛,圆筒筛靠排矿端有一挡环,圆筒筛内又同心安着带螺旋内套的自返装置,由格子板格孔流出的矿浆经圆筒筛过筛后,筛上的粗粒级由挡环挡至螺旋内套内由自返装置返入磨机内再磨。筛下产物排至圆筒筛与中空轴颈内套构成的空间被排出,为合格破碎产物。

自磨机的衬板磨损严重,采用高锰钢的较少,多采用硬镍钢及铬钼钢等,而瑞典、加拿大及美国等在试验及采用橡胶衬板。

由于自磨机内的磨矿介质是矿石自身,矿石性质的变化(矿石强度及矿料粒度组成)必然使破碎行为主体的磨矿介质也发生变化。这是跟球磨机不同的。常规的球棒磨机以不变的破碎介质数量破碎矿石,破碎力是稳定的,这就容易稳定磨矿过程。自磨中则不同了,破碎介质主体也在变化,磨矿过程难以稳定。为了稳定矿石自磨过程,自磨机的转速通常设计成可调速的,通过调速来保持磨机内破碎力的稳定。磨机内大块过多时破碎力有余,可适当提高转速,当磨机内大块消失过快时,磨机内破碎力不足,可适当减慢转速,减少大块的消失速度。

由于矿石自磨可变因素比常规磨矿要多,因此,自磨机及相关附属设备的工作过程要求自动化程度较高,才能适应矿石自磨过程的要求。给矿的性质应力求稳定,磨机内的矿石充填率应尽量稳定,这两个因素是自磨中两个重要的必须自动控制的因素。

自磨机与生产能力相同的球磨机相比,磨机容积为球磨机的数倍,因此衬板的暴露面积比球磨机大得多,矿浆的腐蚀磨损及机械磨损比球磨机大,故自磨机衬板更换频繁,为了提高自磨机的运转率,自磨机设计时应考虑设计专用的更换衬板的机械装置,减少更换的时间过程。

12-11　自磨机的工作原理有哪几种?

关于矿石自磨的原理,存在着不同的看法及争议,归纳起来不外三种:(1)干式自磨机的设计者,加拿大的韦斯顿(D. Weston)提出,自磨机中的磨矿作用有三种:1)矿块自由下落时的冲击作用;2)矿石由压应力突变为张应力的瞬时应力作用;3)矿块之间相互摩擦作用。第1)、3)两种作用没有什么争议,第2)种作用则根据不足,因为在直径大的自磨机中,矿石由下而上的过程中是有相当时间间隔的,实际计算表明,矿石从在下面受压到上面撒销压力,至少都有1.5~2.0 s的时间间隔。因此,矿石受压到压力消失是个"渐变"过程,故第2)种作用不存在。(2)F. C. 邦德的学生 C. A. 罗兰(Rowland)认为,自磨机中更多的是磨削作用或摩擦作用,冲击作用较少,即认为以磨削为主。(3)第三种意见认为,自磨机中的磨矿作用和球磨机中一样,仍是冲击和磨削两种作用。上述认识中都还缺乏足够的证明资料,因此也难统一。

12-12　自磨机的分类有几种,并各有哪些优缺点?

自磨矿过程中物料的运输方式有两种:一种靠风力运输,一种靠水力运输,前者叫干式自磨(或气落式自磨),后者叫湿式自磨(或抛落式自磨)。自磨产品也需要进行分级,干式自磨采用风力分级,湿式自磨采用湿式分级。

干式自磨与湿式自磨的共同点:给矿粒度大,破碎比大,可达 100~150;可以简化破碎磨矿流程、节省设备、节省基建投资,并且生产管理费也较低。

干式自磨的优点是:生产能力较湿式自磨高、不需要水力运输,这对于干燥缺水地区或天寒易冻地区,应用干式自磨就更为合适。干式自磨比湿式自磨的衬板磨损较轻。

干式自磨的缺点是:对于含泥高、水分大(不大于4%~5%)的矿石必须进行干燥,因此在我国南方都不宜采用干式自磨。另外,干式自磨是靠气流运输、风力分级,因此系统的耐磨、防尘及动力消耗等方面的问题较大。

湿式自磨的优点是:除少数较硬的矿石外,绝大多数金属矿石,尤其是密度较大的铁矿石,都可应用湿式自磨。湿式自磨的能耗也低于干式自磨,其分级系统及辅助设施比较简单,湿式自磨作业不产生粉尘,对环境污染小,其投资也低于干式自磨。

　　湿式自磨的缺点是:生产能力较低,衬板消耗较多,对于较硬的矿石,要考虑消除"顽石"(难磨粒子)积累的措施。

　　自磨机的发展在早期以干式自磨为主,后来湿式自磨占优势。目前自磨发展的趋势是干式自磨可能被湿式自磨所取代。

12-13　自磨机的使用范围应注意哪些情况?

　　自磨作为一种粉碎矿石的技术已在当代碎磨领域占有重要的一席,在最近几十年新建投产的选矿厂中,大约有三分之一采用了自磨。其使用范围及应注意的问题包括:

　　(1)首先,矿石自磨要求矿石力学性质要适合自磨要求,强度过低的矿石不适宜于自磨,因为矿石入磨后短时间内粗块迅速消耗掉,使自磨缺乏介质,自磨过程难以进行。强度过高的矿石则生产率太低,经济不划算。

　　(2)其次,矿石自磨只有在每日上万吨的大型厂矿中,使用直径 8 m 以上的自磨机才有优势,中、小矿山及选厂不宜采用。

　　(3)自磨机企图处理原矿是不可能的,自磨前面还必须加粗碎;自磨要想一次将矿料磨得很细,虽然技术上可行,但经济上不划算,所以自磨机后还必须加球磨机细磨,即自磨机能取代中碎、细碎及粗磨三个作业,自磨前面必须保留粗碎,后面必须保留球磨。

　　(4)自磨中会出现顽石积累,为了消除顽石积累的影响,往自磨机中加容积 1% ~2% 的大钢球仍是必要的。同时开始出现半自磨,即在自磨机中加磨机容积 7% ~15% 的钢球,目前矿石半自磨已成为矿石自磨的主要形式,纯自磨很少见用。

12-14　自磨的工艺参数有哪些?

　　自磨的工艺参数包括:(1)原矿性质:原矿的粒度特性,矿块的几何形状,水分的含量,矿石的物理机械性质,比重,硬度等。(2)自磨机结构方面:自磨机的形式,筒体的长径比,提升衬板的高度与间距,波峰的高度与位置,排矿的形式等。(3)操作方面:给矿的速度,最终磨矿产品的粒度,磨机的转速率与充填率。

12-15　自磨机的生产率如何计算?

　　自磨机的生产率由经验公式(12-1)算出:

$$Q = Q_0 \left(\frac{D}{d_0} \right)^n \frac{L}{l} \tag{12-1}$$

式中　Q——设计自磨机的生产率,t/h;

　　　Q_0——试验自磨机的生产率,t/h;

　　D,L——设计自磨机的筒体直径和长度,m;

　　d_0,l——试验自磨机的筒体直径和长度,m;

　　　n——指数,介于 2.5 ~3.1 之间,通常湿磨取 2.6,干磨取 2.8 ~3.1,细磨取 2.5 ~2.8。

12-16　何为矿石砾磨,砾石的获取方式有哪几种?

　　砾磨也属于自磨范畴,但与矿石自磨也有差别。早先砾磨介质是去河滩捡卵石,后来就用一定粒度级别的矿块作介质。砾磨也始自 20 世纪初期,砾磨机成功用于工业生产是在容积大幅度放大后生产能力赶上同规格球磨机才实现的。砾石一般有三种途径获取：（1）由破碎作业专门制取；（2）自磨过程中产生的难磨颗粒；（3）其他方式获取，如取自天然卵石。

12-17　砾磨机的使用范围有哪些？

砾磨机虽然用于工业生产，但在磨矿领域一直未有大的发展，其原因是它简化不了磨矿流程，还增加了介质制备系统，砾磨虽然未有大的发展，但它仍然生存下来，其原因是它的产品缺少铁质污染，因为不用钢球，而且选别指标还较好。特别在磨矿产品需进行化工处理的铀矿处理中，砾磨得到较多的应用，因为可以减少酸浸的酸耗。砾磨机与湿式格子型球磨机相近似，只是筒体长一点而已。砾磨所用砾石密度一般小于钢球，但砾石与被磨物料之间的摩擦系数、接触面积均大于钢球，故砾磨过程中冲击力较弱而磨剥力较强，适用于细磨及易泥化的物料的磨碎，如铝、钨矿石的细磨；它的产品铁质污染轻，后续化工处理时可减少酸耗，忌铁物料或作业也宜采用砾磨，如铀矿、金矿浸出前的磨碎在近几十年兴建投产的选厂中，应用砾磨机的大约占5%左右。

12-18　砾磨的工艺参数有哪些？

砾磨的工艺参数包括：（1）磨机结构：砾磨最初是在普通的管磨机中进行的，因此，许多国家生产的砾磨机的径长比 D/L 多数为 0.5 ~ 0.7。砾磨机的排矿几乎全部为格子型排矿。衬板一般都使用橡胶衬板。一般与水力旋流器形成闭路作业，少数也有用机械分级机的。（2）砾介的尺寸：砾磨用的介质简称砾介。砾介的尺寸是依据砾介的重量与普通钢球磨矿介质的重量相等的原则而决定的。粗磨时，砾介的范围为 80 ~ 250 mm；细磨时，如砾介来自上段自磨机中，则范围为 25 ~ 60 mm；如砾介从破碎产物筛分而得，则范围一般为 40 ~ 80 mm；若砾介消耗量大，范围可扩大到 30 ~ 100 mm。（3）转速率：以 75% 为宜。（4）充填率：一般为 40% ~ 50%。（5）矿浆浓度（固体体积百分数）：砾磨的矿浆浓度一般比球磨低5% ~ 10%，一般保持在 35% ~ 45%（重量百分数 60% ~ 70%）左右为宜。

12-19　砾磨机的生产率如何计算？

同样重量的砾石和钢球在同样条件下具有同等的磨矿能力，而砾磨的处理能力又与砾介的比重成正比，故砾磨机的生产率可按球磨机的生产率进行推算：

$$L_p D_p^{2.6} = Q \frac{7.8}{\delta_p} \tag{12-2}$$

式中　L_p, D_p——砾磨机的长度与直径，m；

Q——球磨机的处理能力，t/h；

δ_p——砾介比重。

12-20　衬板有哪些形状？

衬板的形状有如图 12-8 所示几种，大体分为平滑型和不平滑型两类。平滑衬板因钢球滑动大，磨剥作用较强，它适应于细磨。不平滑衬板对钢球的提升作用较强，对钢球及矿料却有较强的搅动，适宜于粗磨。粗磨上有采用长条衬板的趋势，因它制造简单，不用或少用螺钉固定，只用端盖衬板或楔形压条压紧，安装方便，而且减少矿浆沿螺钉孔漏出，同时提高筒体的强度。细磨上有不少采用磁性衬板,寿命可达 5~10 年,因为磁性衬板将铁矿或铁粉吸在衬板面上,保护了衬板,延长了衬板寿命,但性脆,只适细磨下使用小钢球情况下采用。

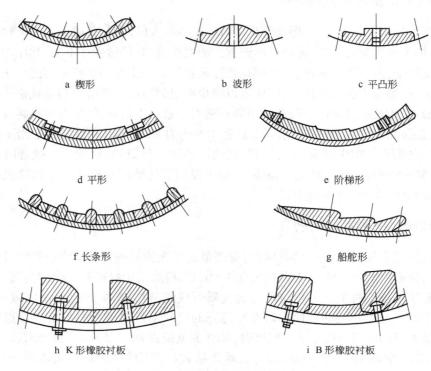

a 楔形   b 波形   c 平凸形

d 平形   e 阶梯形

f 长条形   g 船舵形

h K 形橡胶衬板   i B 形橡胶衬板

图 12-8　各种衬板的形状

12-21　衬板的分类有哪几种?

目前金属矿选厂磨机衬板仍以高锰钢衬板为主,它具有较高的韧性和良好的加工硬化特性。但在加工硬化的同时又引起衬板的膨胀,发生弯曲变形,易使衬板的连接螺栓切断、钢耗大、成本高和效率低等缺陷。近年又研制成功橡胶衬板、圆角方形衬板和磁性衬板,在磨机上应用取得显著节能效果。

12-22　橡胶衬板的使用情况如何?

早在 20 世纪 20 年代美国就着手研制磨矿橡胶衬板,1936 年开始应用于矿山生产,成功地应用在球磨、砾磨、棒磨以及自磨机上,至今国外已有 50 多个国家在 3000 多台各类湿式磨机上安装使用了橡胶衬板。

国内 60 年代初,安徽凤凰山铜矿从瑞典司克嘉公司引进橡胶衬板,同期沈阳工业橡胶制品厂开始研制工作,目前是国内最大的制造厂家,已生产出直径 1.2~3.6 m 标准磨机的成套衬板。1986 年海南铁矿从瑞典引进了专利技术及生产设备,成为我国生产橡胶衬板的又一厂家。此外,本溪塑胶厂、株洲工业橡胶制品厂、北京工业橡胶厂等也都可生产。

橡胶衬板的比重为 1.1~1.2,同等规格的磨机,橡胶衬板的重量约为锰钢衬板的 1/4,

所以节能效果十分显著,节电率都在 10%以上。由于橡胶比较耐磨,一般金属矿二段磨矿作业一套橡胶衬板配用两套压条使用寿命可达 3~5 年,这就大大降低了磨矿成本。通常橡胶衬板的厚度较锰钢衬板薄,增加了磨机有效容积,致使磨机生产能力也有所提高。此外,橡胶衬板还具有成本低、噪声小、减少球耗、磨机运转平稳、产品过粉碎少、改善劳动强度等优点。

进入 20 世纪 80 年代以后,橡胶衬板在金属矿山大型球磨机上应用,取得了明显的节能效果,其节电率为 10%~15%,单机年节电 30 万~50 万 kW·h,噪声下降 5~10 dB。至今首钢、鞍钢、武钢等各大钢铁公司和金川、白银、铜陵、中条山等各有色金属公司等 70 多家单位都成功地使用了橡胶衬板。大量的生产实践证明,金属矿山二段磨矿或粗精矿(中矿)再磨作业使用橡胶衬板是非常成功的。至于第一段磨矿作业,因原矿粒度粗,钢球直径大,尚处于工业试验阶段。

值得一提的是,在金属矿山因钢球与胶衬的磨剥力比钢球与钢衬的磨剥力弱而有人担心橡胶衬板会降低磨矿效率一事,答案是否定的。这是因为钢球与衬板的接触面积比钢球与钢球相互之间的接触面积小得多,前者仅占 1%~2%,所以胶衬对磨剥力的影响是微乎其微的。再者,因橡胶衬板较锰钢衬板薄,增大了磨机的有效容积,提高了钢球的提升高度,增强了钢球的冲击力,这将对磨机能力的提高是很有益的。

12-23　角螺旋衬板的工作原理及应用情况有哪些?

角螺旋衬板又称为节能衬板,系 20 世纪 60 年代初期的产物,最早由奥地利的比鲁公司所研制应用。角螺旋衬板,它组成非圆形磨矿腔,钢球和物料在其运动过程中,各层钢球脱离点轨迹(戴维斯圆)发生变化,降落点位置的变化,导致降落时抛物线形状产生变化。这就改变了钢球在磨碎过程中冲击和研磨作用比例,从而强化了矿石的粉碎效果,圆角半径越小,处在抛落钢球越多,停留在抛落中心的钢球越少,冲击作用强,矿石运动加剧,越有利于矿石的磨碎作用。角螺旋衬板有明显的节能效果,并有分级衬板的作用。采用角螺旋衬板的磨矿机内的磨矿介质,在螺旋的推动作用下既有圆周运动,又有轴向运动,不仅可改变磨矿介质的运动规律,使磨矿介质按被磨物料的粒度大小所需要的功耗进行分布,即大球紧聚集在进料端,小球移到出料端,与此同时,也可以增加单位时间内磨矿介质在机内的循环次数,增强磨剥效应。有人做过这样一个试验,在装有角螺旋衬板的模拟机内,于装入的钢球中掺放一个白色的球,当磨机运转时可观察到白色球沿着磨机轴线方向前后移动,这就增加了磨矿介质与物料的接触机会,从而提高磨矿效率。

到 1982 年止,世界上有 48 台不同规格型号的球磨机改为角螺旋衬板(ASL)。此类衬板开始出现于美国湿式格子球磨机,后来推广应用到智利和菲律宾的一些大型选矿厂。

大量的生产实践证明,采用角螺旋衬板后,单位产量电耗下降 10%~25%,磨机台时产量提高 15%~20%,单位产量球耗下降 10%~20%,此外还具有运转平稳、产品过粉碎少、噪声小(比普通衬板磨机下降 4~5 dB)等优点,所以自问世以来发展很快。当前国外使用这种衬板的磨机最大直径已发展到 5.5 m,我国使用这种衬板的磨机直径已达 2.8 m。

我国首先采用角螺旋衬板的单位是甘肃金川有色金属公司选矿厂,于 1975 年 10 月将一台 $\phi 2700$ mm $\times 3600$ mm 磨机装上角螺旋衬板,运转一年六个月,节省电能 68.5 kW·h,能耗下降 19.9%。1984 年以后又先后在湖北大冶有色金属公司丰山铜矿等 6 个矿山进行了工业试验,都取得了不同程度的节能效果。丰山铜矿第一段 $\phi2700$ mm $\times3600$ mm 磨机角螺旋衬板工业试验连续运转 6853 h,处理每吨原矿节电 2.17 kW·h,节电率为 18.68%,同时球耗、噪声也都有所降低,但因角螺旋衬板较厚,减少了磨机的有效容积,因而磨机处理量有所下降。为弥补这个缺陷,在不增加原动力的基础上,将磨机直径由 2.7 m 扩大为 2.8 m,增大磨机容积 7.9%,可起到既不降低处理量而又节能的目的。这种 $\phi2800$ mm $\times3600$ mm 球磨机角螺旋衬板已在青海锡铁山和湖南锡矿山得到应用,节电 15% 左右,节省钢球 50% 左右,于 1987 年底在湖南衡阳有色冶金机械厂进行了鉴定。

12-24 磁性衬板的特点及应用情况如何?

磁性衬板是靠磁力在衬板表面吸附一层磁性颗粒和介质碎片,形成保护层而延长衬板的使用寿命,同时借助磁力,衬板可直接贴吸在磨机筒体内表面上,不需用螺栓固定,大大减轻了安装维护的工作量。由于这种衬板比普通锰钢衬板薄,重量几乎要轻一半,因此,不仅可以节约大量能源,还可提高磨机处理量。

磁性衬板的结构总的可分为两大类:(1)电磁铁衬板,是利用电磁铁的磁力保护原有衬板;(2)永磁体衬板,是利用永磁材料制成新型磨机衬板,于筒体内产生一种耐磨保护层。

电磁铁衬板是挪威发明者将电磁铁配置在磨机筒体外侧,借磁力把物料和磨矿介质提升到获得最大磨矿能力的高度,同时也在衬板表面吸附一层磁性颗粒,形成一保护层,当磁场中断时,钢球便自动砸落在被磨物料上。

永磁体衬板又可分为三种情况:(1)美国一发明者在橡胶衬板与磨机筒体内壁的结合面上加一层特殊的永磁材料,靠磁力把橡胶衬板固定在筒体上。这种磁性层是用永磁材料的细粉和橡胶混合一起硫化而成的。(2)在采用螺栓固定的普通橡胶衬板的工作面上嵌入永磁体,以利形成磁性颗粒保护层。(3)目前应用最多的永磁衬板是采用橡胶包裹永磁体硫化而成的新型衬板。靠永磁体的磁力,一方面可在衬板工作面上形成一保护层,另一方面可将衬板直接吸附在磨机筒体内壁上,取消固定螺栓。这种衬板的磁力线通过筒体和保护形成闭路,能使磁力保持久远。这种衬板首先在瑞典的基律纳铁矿二段磨矿作业一台 $\phi5900$ mm $\times7700$ mm 砾磨机进行试验,结果降低能耗 1.14%,运转 5000 多个小时未见磨损。之后便很快在一段磨矿作业上应用也获得了成功,至此北美各国都在推广。

我国近些年来,在磁性衬板的研制方面也取得了可喜的进展。长沙矿冶研究院研制的金属磁性衬板,在河北邯郸炼铁厂的 $\phi1500$ mm $\times3000$ mm 球磨机上进行工业试验,取得了满意的结果,其耐磨度为普通锰钢衬板的 15 倍,节约衬板耗量 30%,节省球耗 22.8%,提高产量 10%,节能单耗达 10% 以上。北京矿冶研究总院研制的磁性橡胶衬板在首钢大石河铁矿 $\phi2700$ mm $\times3600$ mm 二段磨矿作业运转一年多,衬板表面未见磨损,使用寿命肯定会超过普通锰钢衬板和橡胶衬板。

但磁性衬板在铁矿厂使用比较理想;在有色矿山应用不是很多,还有待于宣传和推广;在不含铁磁性矿物的矿山也做过尝试,效果不太理想。

12-25 磨矿机的安装应注意哪些问题?

磨矿机安装质量的好坏,是能否保证磨机正常工作的关键。各种类型磨矿机的安装方法和顺序大致相同。为确保磨矿机能平稳地运转和减少对建筑物的危害,必须把它安装在为其重量的 2.5～3 倍的钢筋混凝土基础上。基础应打在坚实的土壤上,并与厂房基础最少要有 40～50 mm 的距离。

安装磨矿机时,首先应安装主轴承。为了避免加剧中空轴颈的台肩与轴承衬的磨损,两主轴承的底座板的标高差,在每米长度内不应超过 0.25 mm。其次,安装磨矿机的筒体部,结合具体条件,可将预先装配好的整个筒体部直接装上,亦可分几部分安装,并应检查与调整轴颈和磨矿机的中心线;其同心误差必须保证在每米长度内应低于 0.25 mm。最后安装传动部零部件(小齿轮、轴、联轴节、减速器和电动机等)。在安装过程中,应按产品技术标准进行测量与调整。检查齿圈的径向摆差和小齿轮的啮合性能;减速器和小齿轮的同心度;以及电动机和减速器的同心度。当全部安装部合乎要求后,才可以进行基础螺栓和主轴承底板的最后浇灌。

12-26　磨矿机"胀肚"有哪些现象,其原因是什么?

磨矿机发生"胀肚"时,一般会出现以下现象:

(1)主电机电流表指示电流在下降;

(2)磨矿机排矿吐大块,矿浆涌出;

(3)分级机溢流"跑粗"现象严重;

(4)磨矿机运转声音沉闷,几乎听不到钢球的冲击声。

"胀肚"现象的产生是由于磨矿机工作失调的结果。因为一定规格与型式的磨矿机,在一定的磨矿条件下,只允许一定的通过能力。当原矿性质发生变化,或是给矿量增大或粗粒给矿增大而增大返砂比时,由于超过了磨矿机本身的通过能力,就会"消化不了",即发生"胀肚"现象。再就是操作不当也会引起磨矿机的"胀肚"。例如磨矿用水量掌握不当,直接影响磨矿浓度,而磨矿浓度过高则可能引起"胀肚"。还有磨矿介质装入的总量或球径配比的不合理也会引起"胀肚"。

12-27　磨矿机"胀肚"时主电机的电流为什么会下降?

磨矿机要运转就要克服其本身的重量所产生的阻力与摩擦力,所以需要消耗能量,但这部分的消耗一般来说还是较小的,而绝大部分能量是消耗在矿石的磨矿过程。由于磨矿机"胀肚",磨矿作用大为下降,因此电能转换为磨矿作用的机械能大大减少,所以表现出主电机电流下降。从磨矿介质(钢球)运动状况来看,由于磨矿机"胀肚",物料增加,浓度增大、钢球被提升的高度降低,磨矿作用力小,所以动能减少而使电流下降。在磨矿机工作正常的情况下,电流大,磨矿效率也高。

12-28　磨矿机发生"胀肚"时应如何处理?

(1)减少给矿机给矿量或短时间内停止给矿。这样可以减轻磨矿机的工作负荷,减少磨矿机通过的给矿量。

(2)调节用水量。磨矿浓度一定要严格控制好,过大或过小都将产生不良的影响。浓度过高时,矿浆流动速度较慢,同时磨矿介质冲击作用变弱,对溢流型球磨机,其排矿粒度变粗,而格子球磨机则可能出现"胀肚"现象。

(3)合理添加磨矿介质。如果磨矿机内介质的装入量不足,应适当补加大尺寸的磨矿介质。

12-29　磨矿机的操作应注意哪些方面?

在磨矿机启动前,应检查各连接螺栓是否拧紧;齿轮、联轴节等的键以及给矿器的勺头的紧固状况。

检查油箱和减速器内油是否足够,整个润滑装置及仪表有无毛病,管道是否畅通。

检查磨矿机与分级机周围有无阻碍运转的杂物,然后用吊车盘转磨矿机一周,松动筒内的球荷和矿石,并检查齿圈与小齿轮的啮合情况,有无异常声响。

启动的顺序是,先启动磨矿机润滑油泵,当油压到达 150 ~ 200 kPa 时,才允许启动磨矿机,再启动分级机。等一切都运转正常,才能开始给矿。

12-30　磨矿机的检修包括哪几种?

为确保磨矿机的安全运转和提高其设备完好率,延长机器的使用年限,必须做到计划检修。检修工作分为三种:

小修:每月进行一次,包括临时性的事故修理,主要是小换、小调,重点是更换易磨部件,如磨矿机的衬板、给矿器勺头,调整轴承和齿轮的啮合情况。修补各处的破漏。

中修:一般每年进行一次,对设备各部件作较大的清理和调整,更换大量的易磨部件。

大修:除完成中、小修任务外,着重修理和更换各主要零部件,如中空轴、大齿轮等。大修的时间间隔,决定于这些部件的损坏程度。

12-31　现代磨矿机在哪些方面对老的磨矿机作了改进?

多年来球磨机及棒磨机经历的主要变化是如下一些方面:(1)磨机大型化,为了适应矿业迅速发展的需要及进一步降低磨矿成本,二次世界大战后的 30 多年间,各国均在制造大型磨矿机,到 20 世纪 70 年代时,直径 4.5 ~ 6.5 m 的大型磨机均在生产中成功应用,连棒磨机的规格也增大到 4.5 m × 6.3 m,磨机安装功率达 6000 ~ 15000 hp(447.42 ~ 1118.55 kW),最大的球磨机 $D × L$ 为 8250 mm × 15250 mm,安装功率 27000 hp(2013.39 kW)。大型磨矿机的基建投资低,比功耗小和生产费用少。但直径 3.8 m 以上磨机的比生产率开始降低,因为愈大的磨机装球愈少。所以磨机也非愈大愈好。(2)新技术不断引入,改进原有的磨机部件,如磨机轴承上由原来的滑动轴承改为液压式动力或静力轴承,润滑采用新型喷油润滑,启动时采用微拖装置启动,这就可以减少安装功率,节省能耗。(3)新材料的应用改进易损部件质量,延长易损部件寿命。如橡胶衬板、磁性衬板、合金衬板及复合衬板等的应用。

12-32　目前国外新出现而且具有发展前景的磨矿机有哪几种?

在对传统磨机的结构及部件不断用新技术及新材料改进的同时,也出了一些构造上有重大不同的磨机,在生产中取得一定的应用。包括:(1)环形电机无齿轮传动球磨机。(2)周边排矿磨矿机。(3)塔式磨矿机。(4)离心磨。(5)振动磨。(6)喷射磨矿机。

13 分级工艺

13-1 什么叫分级,分级的目的是什么?

分级是将粒度大小不同的混合物料在介质中按其沉降速度不同分成若干个粒度相近的窄级别的过程。

当矿石磨细后,就要及时把那些已经符合细度要求的矿粒分出来。这既可提高磨机的台时处理能力,又可避免过粉碎。但在磨机内进行粒度分级是很困难的,这一任务就要靠分级机来完成。湿式分级主要是利用矿粒在水中沉降速度的不同,而将不同粒度、不同密度的矿粒分出来,合格粒度从分级机溢流流出送入选别作业。粗粒级作为分级机的沉砂返回磨机再磨。可见,分级在磨矿中有着重要的作用。

13-2 分级与筛分的区别是什么?

分级和筛分虽然都是把混合物料分成不同粒度级别的过程,但它们的工作原理和产物粒度特性是不一样的。筛分是按筛面上筛孔的大小将物料分为尺寸不同的粒度级别,比较严格地按几何粒度分离,不受矿粒密度的影响。而分级则是按颗粒在介质中的沉降速度大小将物料分为不同的等降级别的。矿粒的沉降速度不仅与粒度大小有关,而且还受到矿粒密度和形状的影响。

13-3 什么叫分级量效率,如何计算?

分级量效率是指分级作业给料中某特定细粒级经分级后进入溢流中的质量占给料中该粒级的质量的百分数,也就是该粒级在溢流中的回收率。分级量效率,在实际计算中既可按小于分离粒度的粒级来计算,也可按某一粒度(常用 0.074 mm)级别来计算。

若以 α、β、θ 分别代表作业给料、溢流和沉砂中某一粒级的含量百分数,按照推导筛分效率公式的方法,可以导出分级量效率的计算公式如下:

$$\varepsilon = \frac{\beta(\alpha-\theta)}{\alpha(\beta-\theta)} \times 100\% \qquad (13-1)$$

13-4 什么叫分级质效率,如何计算?

分级量效率只反映了分级后回收到溢流中小于某特定粒级的数量,而没有考虑到粗粒混入溢流中对溢流产品质量的影响。对按沉降规律进行分级的水力设备来说,溢流中混入粗粒级的情况往往又是不可避免的,因此,只用量效率来评定分级效果显然是不全面的。例如在分级过程中把原料全部分到溢流中,细粒级在溢流中的回收率(即量效率)虽然为100%,但此时的溢流质量最差,原料根本没有得到分级,所以还必须用一个能反映出粗粒在溢流中混杂程度的指标来评定分级效果才行。这个指标就是分级质效率。

质效率既然反映溢流中粗粒级的混杂程度,那么,它可以用细粒级在溢流中的回收率($E_{细}$)与粗粒级在溢流中的回收率($E_{粗}$)之差来表示,即

$$E = E_{细} - E_{粗} \tag{13-2}$$

如果分级作业给料、溢流和沉砂中细粒级的百分含量分别为α、β和θ,则相应产品中粗粒级的百分含量分别为$(100-\alpha)$、$(100-\beta)$和$(100-\theta)$,显然,粗粒级在溢流中的回收率应是:

$$E_{粗} = \frac{(100-\beta)\left[(100-\alpha)-(100-\theta)\right]}{(100-\alpha)\left[(100-\beta)-(100-\theta)\right]} \times 100\% \tag{13-3}$$

已知$E_{细}$为ε,故有:

$$E = E_{细} - E_{粗} = \frac{\beta(\alpha-\theta)}{\alpha(\beta-\theta)} \times 100\% - \frac{(100-\beta)\left[(100-\alpha)-(100-\theta)\right]}{(100-\alpha)\left[(100-\beta)-(100-\theta)\right]} \times 100\%$$

整理后,得:

$$E = \frac{(\alpha-\theta)(\beta-\alpha)}{\alpha(\beta-\theta)(100-\alpha)} \times 10^4\% \tag{13-4}$$

根据上面的公式,只要将取自分级作业的给料、溢流和沉砂试样分别进行筛析,测定出α、β和θ三个数据,即可算出分级的量效率和质效率。

例如:某分级作业各个产物样品的筛析结果为$\alpha=30\%$、$\beta=60\%$和$\theta=20\%$时,则分级质效率按公式计算:

$$E = \frac{(30-20)(60-30)}{30(60-20)(100-30)} \times 10^4\% = 35.7\%$$

同时还计算出溢流中粗粒级的混杂率为:

$$E_{粗} = E_{细} - E = 50\% - 35.7\% = 14.3\%$$

13-5 何谓返砂量与返砂比?

闭路磨矿时,分级机送入磨机的返砂量开始是逐渐增多,经过一段时间之后,它才趋于稳定不变。稳定的返砂重量叫做循环负荷。它可以用绝对值(t/h)表示,也可以用它和新给矿量的比值表示。设新给矿量为Q(t/h),用绝对值表示的循环负荷(或返砂量)为S,用相对值表示的循环负荷(称为返砂比)为C:

$$C = \frac{S}{Q} \times 100\% \tag{13-5}$$

13-6 如何测量返砂量?

测定返砂量的原理是,进入磨机分级循环和从它排出的物料必须平衡。根据所考虑的物料,测定方法有两种。其一是测定进入分级机的矿流(或磨机排矿)、分级机溢流和分级机返砂中某一指定粒级的含量,配合上磨机的新给矿量,根据物料平衡原理,推算出返砂量。其二是测定进入分级机的矿流(或磨机排矿)、分级机溢流和分级机返砂中的含水量,配合上磨机的新给矿量,按物料平衡原理,推算出返砂量。

13-7 返砂比或返砂量的大小对磨矿过程的影响如何?

循环负荷的数量可能比新给矿量大几倍。它通常不低于200%,有时会超过1000%,但不应大到它与新给矿量之和超过磨机的通过能力,否则磨机会被堵塞。

13-8 如何计算闭路磨矿循环的返砂比?

如图 13-1 所示,在磨机排矿(即分级机的给矿)、分级机溢流和分级机返砂三处取样作筛分分析,找出指定级别的矿料在它们中的含量分别为 $\alpha\%$、$\beta\%$ 和 $\theta\%$。根据进入分级机的物料必须等于从它排出的物料,可以列出

$$(Q + S)\alpha = Q\beta + S\theta$$

从而得到

$$S = \frac{\beta - \alpha}{\alpha - \theta}Q \qquad (13-6)$$

和

$$C = \frac{S}{Q} = \frac{\beta - \alpha}{\alpha - \theta} \times 100\% \qquad (13-7)$$

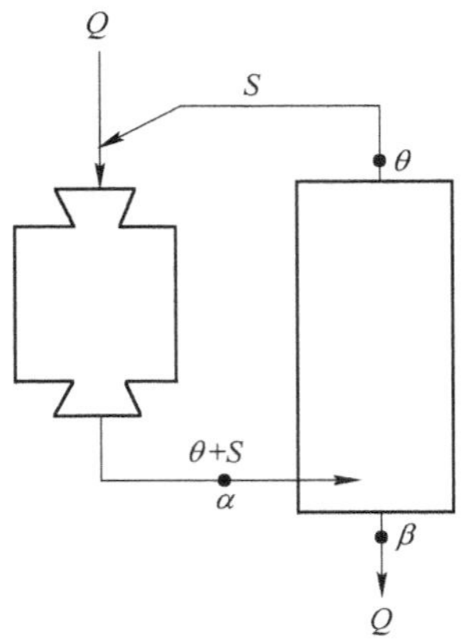

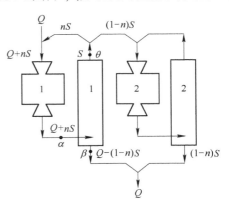

图 13-1 闭路磨矿循环的产物分配

13-9 如何计算半闭路磨矿循环的返砂比?

如图 13-2 所示,在第一段磨机的排矿(即分级机 1 的给矿)、分级机的溢流和分级机的返砂等处取样作筛分分析,找出指定级别在它们中的含量分别为 $\alpha\%$、$\beta\%$ 和 $\theta\%$。根据物料平衡原理,可以列出

$$(Q + nS)\alpha = [Q - (1 - n)S]\beta + S\theta$$

从而求得

$$S = \frac{\beta - \alpha}{(\beta - \theta) - n(\beta - \alpha)} \times Q \qquad (13-8)$$

及

$$C = \frac{nS}{Q - (1 - n)S}$$

将式(13-8)代入并简化后,得到

$$C = \frac{n(\beta - \alpha)}{\alpha - \theta} \times 100\% \qquad (13-9)$$

图 13-2 半闭路磨矿循环的产物分配
1—第一段磨机分级循环;2—第二段磨机分级循环

13-10 如何计算预先分级与检查分级合二为一的闭路磨矿循环的返砂比?

如图 13-3 所示,在给入分级机的原物料(磨矿排矿),分级机溢流和返砂等处取样作筛分分析,测出指定粒级在它们中的含量分别为 $\alpha\%$、$\delta\%$、$\beta\%$ 和 $\theta\%$。根据物料平衡原理,列出

$$Q\alpha + S\delta = Q\beta + S\theta$$

从而求出

$$S = \frac{\beta - \alpha}{\delta - \theta} \times Q \qquad (13-10)$$

图 13-3 中的 S,既包含新给矿经分级作用后送入磨机的粗砂,又包含磨机排矿经分级作用后返回磨机的粗砂。

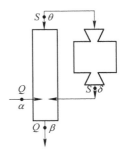

图 13-3 预先分级和检查分级时闭路磨矿循环中的产物分配图

13-11   如何计算预先分级与检查分级分开的闭路磨矿循环的返砂比?

图 13-4 中的预先分级与检查分级分开的流程。由图中明显地看出:

$$S = S_1 + S_2$$

$$Q = Q_1 + Q_2$$

及

$$Q_2 = S_1$$

设预先分级和检测分级的溢流及返砂中的指定级别含量是 $\beta\%$ 及 $\theta\%$,可列出检查分级的物料平衡关系式

$$S\delta = (S_1 + S_2)\delta = Q_2\beta + S_2\theta = S_1\beta + S_2\theta$$

从而

$$S_2 = \frac{\beta - \delta}{\delta - \theta}S_1$$

返砂比为:

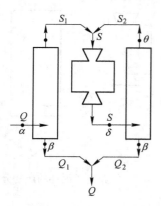

图 13-4   预先分级和检查分级
分开时的产物分配

$$C = \frac{S_2}{Q_2} = \frac{S_2}{S_1} = \frac{\beta - \delta}{\delta - \theta} \times 100\% \qquad (13-11)$$

14 分级机械

14-1 分级设备的作用是什么,常用的水力分级设备有哪些?

与磨矿机闭路工作的分级设备有两个作用:(1)控制磨矿的粒度粗细;(2)形成闭路磨矿的返砂。

常用的水力分级机有耙式分级机、浮槽分级机、螺旋分级机、水力旋流器和细筛等。

14-2 螺旋分级机分为哪几类,各有什么特点?

根据螺旋在水槽内的位置和矿浆面的高低不同,螺旋分级机可分为沉没式、高堰式和低堰式三种。它们的主要区别和特点是:

沉没式螺旋分级机溢流端的螺旋叶片有 4~5 圈全部沉没在矿浆中,沉降区的面积大,分级池深,螺旋转动对矿浆面的影响较小。所以分级面平稳,溢流产量高,粒度细,适于分离出小于 0.15 mm 粒级的溢流产品。常在选矿厂第二段磨矿中与磨矿机构成机组。

高堰式螺旋分级机的溢流堰高于螺旋中空轴的下端轴承,但低于溢流端螺旋叶片的上边缘。其沉降区的面积要比低堰式的大,且可在一定范围内调整溢流堰的高度以改变沉降区的面积,从而可以调节分级的粒度。这是磨矿循环中常用的一种分级设备,它适合于分离出大于 0.15 mm 粒级的溢流产品,通常在第一段磨矿中使用。

低堰式螺旋分级机的溢流堰低于螺旋中空轴的下端轴承,沉降区的面积小,螺旋对矿浆面的搅动大,只能用于洗矿和粗粒物料的脱水,不适于用作分级,故在磨矿循环中很少使用。

螺旋分级机按螺旋数目不同,又可分为单螺旋和双螺旋分级机。两者的分级性能相同,只不过双螺旋分级机的处理能力更大,适合于与大型磨矿机配合使用。

14-3 螺旋分级机的构造及优缺点有哪些?

图 14-1 是高堰式双螺旋分级机的结构图。图 14-2 是浸没式螺旋分级机的结构图。

螺旋分级机由底部呈半圆形的水槽、螺旋叶片、支承螺旋轴的上下两端轴承、螺旋轴传动装置和提升机机构组成。

半圆柱形倾斜水槽口中装有两个螺旋轴 3,它的作用是搅拌矿浆并把矿砂运向槽的上端。螺旋叶片与空心轴相连。空心轴支承在上、下两段的轴承内。传动装置安在槽子的上端,电动机经伞齿轮传动螺旋轴。下端轴承装在拉升机构 6 的底部,转动提升机构使它上升或下降。提升机构由电动机经减速器和一对伞齿轮带动螺杆,使螺旋下端升降。当停车时,可将螺旋提起,以免沉砂压住螺旋,使开车时不至于过负荷,开车时慢慢放下螺旋轴。

高堰式螺旋分级机的溢流堰比下端轴承高,但低于下端螺旋的上边缘。它适合于分离出 0.15~0.20 mm 的粒级,通常用在第一段磨矿,与磨矿机相配合。沉没式的下端螺旋有四至五圈全部浸在矿浆中,分级面积大,利于分出比 0.15 mm 细的粒级,常用在第二段磨矿与磨机构成机组。低堰式的溢流低于下端轴承的中心,分级面积小,只能用以洗矿或脱水,现已不采用。

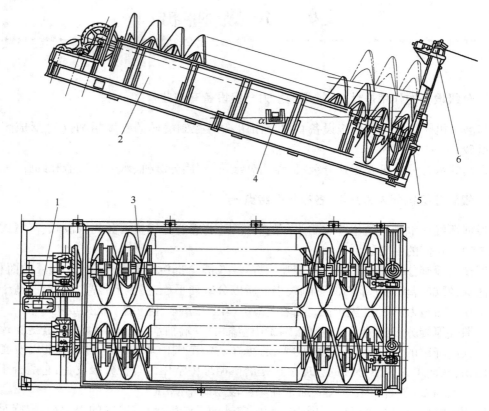

图 14-1 高堰式双螺旋分级机

1—传动装置;2—水槽;3—左、右螺旋轴;4—进料口;5—放水阀;6—提升机构

优点:(1)结构简单,无运动部件,设备容量易制造,维护简单;(2)单位面积生产能力大,占地面积小;(3)物料分带明显,选别指标较高,回收率一般可达 90% 左右;(4)适应性强。当给矿量、给矿浓度、给矿粒度及原矿品位变化时,对选别指标影响较小;(5)易与磨机呈自流联结。

其缺点是:下轴承易磨损及占地面积大。其本身的参数不易调节以适应给矿性质的变化。

14-4 影响螺旋分级机工艺效果的因素有哪些?

影响螺旋分选机工艺效果的因素主要有两方面即结构参数和操作条件:属于结构参数的有螺旋直径、槽的横断面形状、螺距和螺旋圈数等。

螺旋的直径代表螺旋分选机规格并决定着其他结构数值的基本参数。研究表明,处理 1~2 mm 的粗粒级原料,以采用大直径(1000 mm 以上)螺旋为有效;处理小于 0.5 mm 细粒级应采用较小直径的螺旋;在选别 0.075~1 mm 的原料时,采用直径 500 mm、750 mm、1000 mm 直

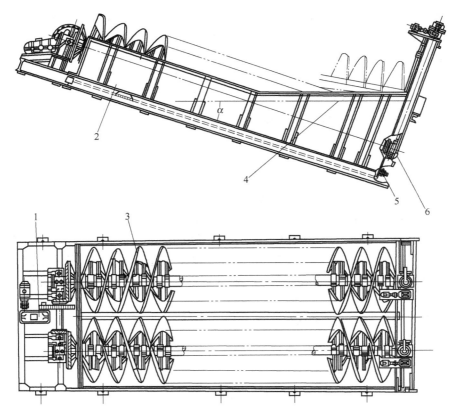

图14-2   浸没式螺旋分级机

1—传动装置;2—水槽;3—左、右螺旋器;4—进料口;5—下部支座;6—提升机构

径的螺旋分选机均可以收到较好的效果。

螺旋槽曾经采用的断面结构有圆弧形、抛物线形、长轴为水平的椭圆弧形、长轴为垂直的椭圆弧形、倾斜的直线形等。研究表明,处理小于 2 mm 的原料时,以长短轴尺寸之比为 2:1 的椭圆形断面效果最好,且长轴的一半应等于螺旋直径的 1/3。在处理 -0.2 mm 的微细原料时,以采用抛物线断面为宜。

螺距的相对大小通常以螺距与螺旋直径之比来表示。这一参数影响着矿浆在槽内的流动速度与厚度。处理粒度为 2~0.2 mm 原料的螺旋分选机,其螺距要比处理 -0.2 mm 原料的螺旋溜槽小些。螺距过小不易形成精矿带。试验表明,对于工业型的螺旋分选机螺距与直径之比采用 0.4~0.6 为宜,相应的外缘纵向倾角为 7°~11°。对于螺旋溜槽来说,上述比值则为 0.5~0.6,相应的外援纵向倾角是 9°~99°。

螺旋槽的长度和圈数取决于矿石分层和分带所需运行的距离。试验表明,对于水流来说由内缘运行到外缘沿槽所行经的距离为一圈半。但对于矿粒来说则远大于此数。螺旋槽的有效长度由圈数和直径决定。在同样的长度下,增加圈数比增大直径可收到更好的选别效果。一般处理易选的砂矿螺旋槽有 4 圈已足够用,处理难选矿石可增加到 5~6 圈。

在操作条件方面影响螺旋分选机工作的因素有给矿体积、给矿浓度、冲洗水量以及矿石本身的性质等。

给矿体积和给矿浓度时最重要的影响因素。它们又同时决定着固体处理量。试验表明,当给矿体积不变时,重矿物的回收率是随着浓度的增加呈曲线变化关系。浓度过低时,固体颗粒成一薄层沿槽底运动,不再发生分带;浓度过高,矿浆流动变慢,亦将影响床层的有效松散和分层。在这两种情况下,重矿物的回收率均要下降。实践表明,螺旋分选机可有较宽的给矿浓度范围,在固体重量占 10% ~35% 时,对分选指标影响不大。

在螺旋槽内缘喷注冲洗水有助于提高精矿的质量,在用量适当时对回收率的影响并不大。在调节水量是以能清楚地观察到精矿带为适宜。一台单槽螺旋分选机的耗水量约为 0.05 ~0.2 L/s 范围内。

原料的性质包括给矿的粒度,轻、重矿物的比重差,颗粒的形状及重矿物的含量等。给矿允许的最大粒度与螺旋槽直径有关。对于工业型的 φ1000 mm 螺旋分选机来说,轻矿物的给矿粒度上限可达 12 mm,但其中的重矿物颗粒则不宜超过 2 mm。对于 φ500 mm 的螺旋分选机重矿物的粒度上限为 1 mm。有效回收粒度范围随螺旋直径的减小而减小,一般工业型设备为 2 ~0.075 mm。矿物比重差愈大,分选效果愈好。颗粒的形状对分选效果有重要影响。当有用矿物为扁平形而脉石接近圆形时,分选最易于进行。反之则分选困难。

螺旋分选机的处理能力主要决定于螺旋槽的直径,其次还有入选原料的粒度、密度和矿浆浓度。

14-5 水力旋流器的构造及工作原理如何?

水力旋流器的上部呈圆筒形,下部呈圆锥形,见图 14-3。

水力旋流器是目前使用中较为有效的细粒分级设备。水力旋流器的构造比较简单,它的上端为一圆筒部分,其下为圆锥形容器,矿浆以一定的速度(一般以 5 ~12 m/s)沿切线方向送入旋流器内,并获得旋转运动,因而产生很大的离心力(通常要比重力大几十倍乃至几百倍),在离心力的作用下,较粗的颗粒抛向器壁,并以螺旋线的轨迹向下运动,由沉砂嘴排出称为粗粒产品;较细的颗粒及大部分水呈内螺旋线的轨迹由溢流管排出。旋流器分为分级用的和脱泥用的两种,前者用来分出 800 ~74(或 43)μm 的粒级,后者用来脱除 74(或 43)~5 μm 的细泥。分级用的旋流器的给矿浓度较高,给矿压力较大,圆筒直径较粗;脱泥用的旋流器的情况和它相反。

14-6 影响水力旋流器工艺效果的因素有哪些?

影响水力旋流器工艺效果的因素包括:

(1)旋流管的直径:生产率及溢流粒度随其直径的增大而增大,通常大直径旋流器效率较差,溢流中粗粒含量多;

(2)给矿压力:主要影响处理量及分级粒度;

(3)给矿口尺寸与形状:影响分级效率;

(4)溢流管直径及插入深度:影响溢流与沉砂产物的产率;

(5)沉砂嘴直径:沉砂嘴大,溢流量小,溢流粒度变细;

(6)柱体高度:柱体高度的大小影响矿浆受离心力作用时间的长短,一般柱体高度为直径的 0.6 ~1.0 倍为宜;

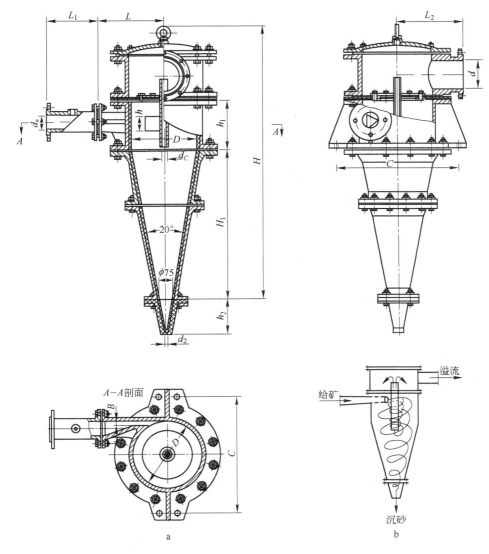

图 14-3　水力旋流器的构造和工作原理示意图
a—构造;b—工作原理

（7）旋流器的锥角:主要影响分离粒度,锥角大,粗粒易混入溢流,锥角小,溢流粒度变细;

（8）给矿性质:给矿的浓度及其粒度组成直接影响产品的浓度与粒度。

14-7　分级机溢流"跑粗"的后果、造成的原因及应如何处理?

分级机溢流"跑粗",是分级产品中不合格的粗粒级超过了规定范围。"跑粗"的恶果,特别是在阶段磨矿、阶段选别的浮选流程中,会使浮选(粗选)不起泡。如不及时发现和处理,粗砂逐渐在浮选槽四周堆积,使浮选机搅拌困难,皮带发出异常声音。由于浮选机电机负荷增加,出现温度升高,严重时冒烟,甚至烧毁和"死槽"(所谓死槽,是浮选机被粗砂埋死),迫使整个浮选系统停车,把粗砂放掉后才能重新开车,造成严重的金属流失。

产生"跑粗"的原因,主要是原矿中粉矿的比例增大,排矿水没有适量增加或排矿水管道堵塞,引起返砂急剧减少或无返砂,或者是处理矿石粒度细,给矿量过大。另外返砂水管或给矿水管堵塞,没有及时发现,一旦开水,磨矿机内矿浆大量涌出所造成。

当发现分级机溢流浓度小,排矿浓度也小,返砂粒度又细的时候,应当增加磨机给矿量。防"跑粗"还要控制好磨机处理量及水量。当处理矿石粒度较细的时候,处理量不能提得太高,及时适量地调整排矿水,经常观察水压及水管流水情况,正常调整时,应根据矿石性质变化及时进行,但调整量不能太大,同时不能过于频繁,否则造成不正常。

返砂水和给矿水不宜经常变动,根据矿石性质,难磨的排矿浓度小一点,易磨的矿石可大一点,一般保持在 75% ~ 80%。

14-8 水力旋流器沉砂变化的原因及应如何处理?

水力旋流器沉砂浓度一般在 70% 左右,呈伞状喷出为正常。若浓度过大沉砂呈绳状(或柱状)称为"拉干";若浓度过低呈伞状的角度很大及沉砂没有压力称为"拉稀"。两种情况均属不正常,会使溢流跑粗所致。

当两台旋流器共同工作时,其中一台"拉干",一台"拉稀",这是砂泵池上的矿浆分配箱分配不均的结果,只要把"拉干"的矿量调一部分到拉稀的一台就行了。如果调配矿量后还是"拉稀",而且沉砂压力小,就说明砂泵叶轮挡板磨损过甚,必须倒泵更换。如果沉砂压力很大,仍"拉稀",说明旋流下锥体或排砂嘴磨损过甚,须更换下锥体或排砂口。

14-9 水力旋流器浓细度波动造成的原因及应如何处理?

溢流细度是否合格,应经快速筛分检查,并结合选别尾矿进行观察,如选别尾矿中夹杂有几粒粗矿粒,应了解刚出现的,还是上一个班也是如此。如果前一个班已出现,旋流沉砂正常,说明旋流挡板已磨通,应组织人员倒泵,更换挡板。如果是刚出现的情况,旋流沉砂又不正常,应检查旋流器沉砂口,及时调整操作。

当溢流浓度突然增大,应首先观察进入浮选机的矿浆量是否变小。若矿浆量没有变小,而旋流沉砂又正常。若旋流器作为第二段分级设备时,说明一段磨矿的处理量增得太多,应及时与一段磨矿联系,保持稳定的处理量。如果进入下一作业的矿浆减少,应检查补加水是否变化,水管有无堵塞,同时可适当增加补加水。

当溢流浓度突然变小,应立即检查旋流器沉砂情况。如果是旋流器沉砂"拉稀",说明矿量不足或砂泵压力不够,应立即联系检查处理。

溢流量突然增大,应先检查旋流下锥是否堵塞,如果下锥堵塞,立即把补加水全部关闭,并停止供矿 1 ~ 2 min,使其恢复正常。堵塞旋流器的原因,多半是一段磨矿处理量过大或分级机溢流跑粗所致。

14-10 细筛作为分级设备的优点是什么?

由于螺旋分级机和水力旋流器都是按沉降规律降物料进行分级的设备,分级效果差,分级精度低,常导致有用矿物在沉砂中的反富集。有用矿物的密度愈大,沉砂中反富集现象愈严重。这不仅造成有用矿物的过粉碎,影响选矿工艺指标,而且又降低磨矿机的处理能力,增加磨矿能耗。因此,在磨矿循环中常用细筛代替螺旋分级机和水力旋流器。细筛严格地按几何尺寸将物料分级,不受矿粒密度的影响,从而可大大减少重矿物在返砂中的积累,减少它们被送回磨矿机再磨的机会。同时,细筛的筛下产物粒度稳定,不混杂粗粒物料,对选别也有好处。

14-11　磨矿循环中使用的细筛有哪几类?

我国目前在磨矿循环中使用的细筛有:GPS 型高频振动细筛,德瑞克高频振动细筛,KZS1632 型直线振动细筛,旋流细筛以及湿法立式圆筒筛(即 YF 型圆锥水力分级机)等。

14-12　应用细筛的必要条件是什么?

无论是老选厂改造还是新建选厂,利用细筛首先要解决的是能否利用细筛提高精矿品位。应用细筛必须具备的条件是,在入筛物料筛析中,某一粒级上下有一个明显的品位差和具有一定的产率。其品位差就是要选择的分离点,品位差越大应用细筛的效果越明显。所以,细筛的应用是以磁铁矿在某一粒度级别的品位差大小为基础的。

14-13　细筛有哪些用途?

细筛是指筛孔小于 1 mm 的筛分设备。细筛作为分级设备,效率比螺旋分级机高得多,适应性强。细物料的筛分、分级和固液分离作业,几乎均可以应用细筛。

目前,细筛工艺在黑色金属选矿厂普遍推广使用,发展很快。主要用途,一是以提高分级效率为目的,用于磨矿回路中,作磨矿产品的控制分级,将粗粒连生体筛出返回磨矿机再磨,筛下已解离的物料可以及时排出,避免再磨而造成过粉碎,并提高了磨矿机的处理能力;二是以提高产品的品位为目的,用于选别回路中,使粗粒精矿自循环返回再磨,以获取高品位精矿。

15 磨矿流程的取样及检查

15-1 磨矿流程考察前的准备工作有哪些？

磨矿流程考察前的准备工作包括：

（1）由于考察的工作量大，需要的人力多，在考察前必须明确考察的目的和内容，充分做好人力和物力的准备。

（2）对采场出矿和碎矿最终产品粒度进行调查，以保证考察期间磨机给矿具有代表性。

（3）对磨矿分级设备的运转及完好情况进行调查，该维修的及时安排维修，以保证取样过程中设备运转正常。

（4）安排各取样点的取样人员，取样工具及盛样器皿并贴好标签。

15-2 什么叫取样，什么叫试样，如何确定试样的最小重量？

取样就是用一定的方法从大批物料中取出少量有代表性物料的过程。所取出的物料叫试样。

为了保证试样的代表性，当然取出的试样愈多愈好。但这样的结果是不经济的，也没有必要。在实际工作中，总是确定一个有代表性的最小试样重量。影响最小试样重量的因素很多，主要有物料的最大块度，矿物的嵌布特性，物料中有价成分的含量，各矿物组成密度的差异以及允许的误差等等。目前用一下经验公式来确定试样的最小重量：

$$Q = Kd^2$$

式中　Q——为了保证试样代表性所必需的最小重量，kg；

　　　d——试样中最大矿块（粒）的粒度，mm；

　　　K——与矿石性质有关的系数，除贵金属外，一般在 0.02 ~ 0.5 之间，最常用的为 0.1 ~ 0.2。

如果取样方法正确，取样制度合理，则按上式计算得试样最小重量，是能够代表整个原物料性质的。

15-3 如何检测原矿与精矿重量？

原矿量与精矿量是选矿的数量指标，要求计算要准确。进入选厂处理的矿石的计量方法较多，主要根据运矿方式。一般在厂内的皮带运输机上计量，大多数选厂在磨矿机的给矿皮带上安装机械皮带秤，或电子皮带秤自动称量，其误差要求不超过 ±2%，因此要经常对皮带秤校验。

小型选厂也有人工计量的，即在磨矿机给矿皮带上刮取一定长度的矿量，称重后根据皮带速度可计算出矿量。每小时刮取数次，取其平均值。人工计量不方便并且误差较大。

当原矿是用手推车或汽车运输时,常用地中衡计量,若用宽轨道车辆运矿时,则用轨道衡计量。这两种计量误差较大,所以选矿车间的实际处理矿量是以球磨机给矿量为准。

精矿的计量也同样根据运输方式来决定,在过滤机卸矿皮带上安装自动秤,或在精矿皮带卸料处安装自动称量斗是常用的两种方法。

出厂实际精矿量若用汽车运输时,则用地中衡称量,用火车运输时,则用轨道衡称量。

原矿量与精矿量之差即为尾矿量。

15-4　如何测定矿浆浓度?

矿浆浓度是选矿工艺过程中影响选矿指标极重要的因素之一。在磨矿过程中,矿浆浓度影响磨矿技术效率,在分级时,矿浆浓度对分级粒度有很大影响,一般来说,浓度高分级粒度较粗,反之则细。在浮选过程中,矿浆浓度影响浮选时间及药剂用量,在脱水过程中,矿浆浓度影响浓密机及过滤机的生产率。

测定矿浆浓度的方法较多。选厂目前仍使用浓度壶,今后要逐渐采用自动检测仪或采用自动控制浓度的装置。

利用浓度壶测定浓度的原理是先测出矿浆的密度,利用下式计算矿浆的浓度:

$$p = \frac{\delta(\Delta - 1)}{\Delta(\delta - 1)} \times 100\% \qquad (15-1)$$

式中　p——矿浆浓度,即固体含量重量百分比,%;

　　　δ——矿石的密度,g/cm^3;

　　　Δ——矿浆的密度,g/cm^3。

矿石的密度 δ 已知,浓度壶的空重及容积亦可预先测得,当浓度壶装满矿浆后称出其重量就可以计算出矿浆的密度。代入公式就可以求出矿浆的浓度。

在现场通常预先制成一个表格,对一个特定的浓度壶只要称出它装满矿浆后的重量,再从表上查浓度值。现以下表为例,若浓度壶的容积为 1000 mL,称出矿浆重量后从表中查出浓度值。如处理矿石密度为 3.8 g/cm^3,称出实际矿浆重量为 1284 g,从表中查出浓度为 30%,矿浆固液比为 1:2.33。这种表格可以扩大。

浓度/%	固液比	矿石的密度/g·cm⁻³				
		2.6	3.0	3.4	3.8	4.2
		矿浆的重量/g				
29	1:2.45	1217	1240	1257	1272	1284
30	1:2.33	1226	1250	1269	1284	1296
31	1:2.23	1236	1261	1280	1296	1309
32	1:2.15	1245	1271	1292	1309	1322
33	1:2.03	1255	1282	1304	1321	1336

15-5　如何测定磨矿产品细度?

在磨矿过程中,为了使矿石中的有用矿物达到充分的单体分离,以便为选别作业创造有利条件,经过试验研究后,确定磨矿细度,并以 -200 目含量的百分比来表示。检查细度的方法较多。现场一般都是在分级机溢流取样筛析。这里介绍一种快速筛析法:用一定容积的矿浆瓶(常为 1 L),装满矿浆试样称重。得到矿浆加瓶的重量为 q_1,把矿浆倒入浸在水盆中的筛子(用 200 目或 100 目的标准筛)进行湿式筛分,用细水流喷洗,直到洗出的水清净为止,然后将筛上产物移回瓶中,加水至原来称矿浆的同一标线处。重新称量,得到筛上产物加瓶及水的重量为 q,已知瓶的重量为 a,瓶的体积为 b(毫升),筛上产物(+ 200 目或 + 100 目)的粒度级别为:

$$x = \frac{q - a - b}{q_1 - a - b} \times 100\% \qquad (15-2)$$

应当指出:这一检测方法是假定筛上产物和筛下产物的密度相等,如果它们的密度相差很大时,这一检测方法的结果为近似值。

有的选厂每班取一综合细度样,在加工室烘干后缩分出 100 g,再经湿式筛分测出细度。

15-6 数质量流程计算有哪些平衡原理?

计算前先把原矿质量,原矿及各作业产品的计算级别(- 0.074 mm)含量,浓度等所考察测定的数据填入流程,并分析其能否反映作业顺序规律,若有与客观实际发生矛盾时,则应找出原因(取样制样等),给予纠正,使其符合客观规律后,方可进行计算,计算方法是根据选矿作业平衡原理。即:

(1)矿量平衡。进入作业的各产物的质量之和等于该作业排出的各产物的质量之和;

(2)粒级和金属平衡。进入作业的每一组分(如计算粒级含量或金属含量)的数量和应等于给作业排出产物中给组分(计算粒级或金属含量)的数量和;

(3)水量平衡。进入作业的水量之和(包括各产物带来的水量与补给作业的水量),等于该作业中排出产物所带出的水量之和;

(4)矿浆体积平衡。进入作业的矿浆体积,应等于该作业排出的矿浆体积。

15-7 磨矿流程考察结果的分析包括哪些内容?

考察流程结果的分析,是根据考察过程中所测得的数据及计算结果,对整个流程和设备运转情况进行科学分析,从中发现问题,从而得出解决的方法和合理化建议,以指导现场生产,提高设备的利用率和各项生产指标。由于各选矿厂的磨矿流程不相同,其考察的目的也不一样,因此对考察结果分析所侧重的方面也就不同。但一般说来,包括以下几个方面的内容:

(1)考察期间的生产情况简要介绍和分析。其中主要是原矿的代表性,各设备的运转情况及主要技术操作条件;

(2)流程中各产物的矿量、产率的分配情况分析。主要了解各磨矿机和分级设备的负荷分配,以及同一作业多台设备矿量分配是否均衡。进一步分析流程结构的合理性,从中发现流程结构中所存在的问题;

(3)设备工作效率及运转情况分析。包括对各台磨矿机、分级设备的生产率、负荷率、分级效率、循环负荷,以及钢球添加情况、浓度、细度等操作因素的分析,从而发现设备生产能力发挥不好的原因,并提出解决方法。同时了解设备的运转及磨损情况;

(4)分析磨矿产品过粉碎或磨不细的原因。

最后应根据分析所发现的问题,提出解决办法及合理化建议。

参 考 文 献

[1]　李启衡.碎矿与磨矿[M].北京:冶金工业出版社,1980.

[2]　段希祥.碎矿与磨矿[M].北京:冶金工业出版社,2006.

[3]　段希祥.选择性磨矿及其应用[M].北京:冶金工业出版社,1991.

[4]　段希祥,曹亦俊.球磨机介质工作理论与实践[M].北京:冶金工业出版社,1999.

[5]　李启衡.粉碎理论概要[M].北京:冶金工业出版社,1993.

[6]　A.F.塔加尔特.湿式磨矿[M].北京:冶金工业出版社,1959.

[7]　陈炳辰.磨矿原理[M].北京:冶金工业出版社,1989.

[8]　中南矿冶学院,东北工学院等.破碎筛分[M].北京:中国工业出版社,1961.

[9]　徐小荷,余静编.岩石破碎学[M].北京:煤炭工业出版社,1984.

[10]　郑水林.超细粉碎原理[M].北京:中国建材工业出版社,1993.

[11]　山口梅太郎,西松裕一.岩石力学基础[M].黄世衡,译.北京:冶金工业出版社,1982.

[12]　《选矿手册》编委会.选矿手册(第二卷,第一分册)[M].北京:冶金工业出版社,1993.

[13]　C.E.安德烈耶夫,等.有用矿物的破碎磨碎及筛分[M].北京矿业学院,译.北京:中国工业出版社,1963.